U0248285

"十三五"国家重点出版物出版规划项目

园林树木应用指南

（华南篇）

高若飞　主编

中国建筑工业出版社

图书在版编目（CIP）数据

园林树木应用指南.华南篇/高若飞主编.—北京：中国建筑
工业出版社，2019.6
ISBN 978-7-112-23600-8

Ⅰ.①园… Ⅱ.①高… Ⅲ.①园林树木－指南 Ⅳ.① S68-62

中国版本图书馆 CIP 数据核字（2019）第 068161 号

责任编辑：杜 洁
责任校对：焦 乐

"十三五"国家重点出版物出版规划项目
园林树木应用指南（华南篇）
高若飞 主编
*
中国建筑工业出版社出版、发行（北京海淀三里河路9号）
各地新华书店、建筑书店经销
北京雅盈中佳图文设计制作有限公司
北京富诚彩色印刷有限公司印刷
*
开本：880×1230毫米 1/32 印张：10$\frac{1}{4}$ 字数：294千字
2019年7月第一版 2019年7月第一次印刷
定价：99.00元
ISBN 978-7-112-23600-8
（33789）

编 委 会

序一

    最初知道高若飞还是 2005 年左右的事情，经北京林业大学李雄老师推荐准备来千叶大学读博士，记得很清楚当时他问现代城市发展中存在的问题时，我说日本儿童被害是当前最瞩目的社会问题，因为犯罪场所均发生在我们精心为他们设计的儿童小游园里，没过多久就得知他们以此为题目的参赛作品获得了当年在英国举办的 IFLA 世界大学生设计竞赛一等奖。此后，他在博士期间也以优异的成绩完成了巨大工作量的研究论文，应该说是我从教多年来碰到的文武双全少有的优秀学生之一，将来一定是寄予厚望而不可多得的人才。非常可惜的是一场大病改变了他的人生轨迹，作为导师只能是永久的祝福，让他勇敢地去面对现实生活。几年后的他以极大的毅力和信念完成了"十三五"国家重点出版物出版规划项目《园林树木应用指南（华南篇）》一书的编写工作，完全超出我的想象，让我看到了一种久违的"精神"，看到了一种无形的力量。

    本书的最大特点莫过于每种植物的图示化表达。为设计师更好地掌握植物实际应用形态和环境特征提供了更生动的视觉表现支持，应该说是从设计师角度出发编写的最为实用的种植设计工具书之一，同时也深深地为青年一代有识之士的壮举感到无比的欣慰。可以说是对长期以来以植物习性为主的相关专业工具书的一个完美补充。也是展现以植物形态为最基本的空间要素，构筑以植物为材料的场地设计语言，揭示了具有生命力的可变、生长的极具魅力的空间创造的思维模式。并向人们暗示了景观设计中最具潜力的风向标。因为唯有种植设计可以彻底解决场地价值储备的核心问题，而成为今后作品成败的关键之一。这正是本书的精髓所在！

    每个人都清楚地知道获得丰富成果的背后，一定有着数不清的付出和耕耘。特别是对于高若飞来说，他珍惜现在的每一分每一秒，不为世俗永保良知，值得每一位从业者学习和敬佩，最后希望对作者及每一位读者说："人生是马拉松，切勿在乎那一时一刻的成与败，坚定不移地走自己的路，定会迎来山花烂漫时"。

2018.6.11 于松户

序 二

习近平总书记在十九大报告中指出，坚持人与自然和谐共生，必须树立和践行绿水青山就是金山银山的理念，坚持节约资源和保护环境的基本国策。首次落户中国并在深圳成功举办的第十九届国际植物学大会，充分体现了中国对植物、特别是由植物组成的生态环境的重视和关爱。因此，对风景园林师而言，在生态文明和生态环境建设中所担负的责任则愈发沉重，在风景园林实践中对植物知识的掌握和应用就愈发重要。作为多年风景园林设计的授业者和从业者，深知植物在风景园林设计中的作用。在植物识别的基础上，如何能更好地应用植物，创造出丰富多彩的植物景观，我相信是大部分风景园林设计从业者的心声。

高若飞主编的《园林树木应用指南（华南篇）》是在北京林业大学园林学院园林树木学专家张天麟先生的指导下，集合诸多一线设计人员的经验，用最直观的图示语言表现园林植物的特性和习性等，用以指导在风景园林设计中更好地应用植物要素的图书。本书的特点是从一个设计师的视角出发，以园林植物专家的意见为基础，结合大量风景园林设计师的实践和经验，以直观的图示语言、大量的应用实例照片代替了植物识别类专业书籍采用大量描述文字和特写部位照片的传统，更有利于对图形敏感的设计师迅速直观地了解和掌握植物要素。

结合深圳大地创想建筑景观规划设计有限公司的 AR 技术储备，本书也 选取了部分植物模型进行 AR 展示，这种新颖的植物专业知识展示方式也更有利于形象地进行植物认知、交流和学习。这种新技术的应用在风景园林的其他领域推广和拓展，也具有难以估量的潜质。

我的恩师苏雪痕先生是园林植物应用的大家，在他的影响下，我在教学和实践中对园林植物应用高度重视。我的学生高若飞在留日归来后，也充分认识到了植物应用的重要之处，他不为功利、潜心 4 年之久完成此书，并列为"十三五"国家重点出版物出版规划项目，进一步夯实风景园林设计之根基，颇感欣慰，是之为序。

2018.6.23 于北京林业大学

前言

作者在日本留学期间，发现很多指导设计的植物书籍一改以往国内植物书籍图片+文字的表述方式，以大量简明的图示化语言和应用照片更直观地展示植物的相关信息。

回国后遍寻各种植物书籍，但发现除了个别地产开发商的植物内部资料以外，这种关于植物应用以图示化为主书籍并不多，在和中国建筑工业出版社的杜洁编辑充分沟通后，便萌生了编写一本以直观的图示语言和应用照片为主的《园林树木应用指南》的想法。

万事开头难，有幸在编写过程中得到了授业恩师北京林业大学张天麟老师和资深园林专家叶永辉前辈的悉心指教、深圳大地创想建筑景观规划设计有限公司董事长千茜女士在人员和技术上的支持，以及诸多恩师及好友的帮助。

书中以大量简明、生动、直观的图示语言替代文字对园林植物应用的各方面进行了阐述，结合实际应用照片，以期实现植物应用知识普及的效果。不同于很多现有具有图示语言的植物书籍，本书更注重直观的图示语言表达，使读者能轻易读懂表达植物多种特性的图示语言。

此套书分为三册，第一册以华南地区为主，第二册主要涵盖华中、华东区域，第三册主要涵盖东北、华北和西北地区。

书中植物的选择兼顾了其应用性和特性，并着重选取具有明显特性的植物种类，也着重突出本套丛书对于环境和健康的关注。

在编写过程中，适逢深圳大地创想建筑景观规划设计有限公司正在研发 VR 和 AR 技术在建筑和景观中的应用软件，每册书中又补充增加了 24种较为典型的植物三维模型，读者通过扫描封底上的二维码，在手机上下载安装相应的应用软件，读取具有 AR 标识的页码，便可感受立于纸上的三维植物模型，希望它能够助力景观设计行业从二维走向三维。

图片和图示语言相对于抽象的文字能够带给读者印象更为深刻的画面感，同时借助于前沿的科技，激发出更多的人们对于植物及其特性的兴趣，这便是本书的初衷所在。

目 录

总 论

全球植物景观之所以精彩，正是有了中国原产植物的加入。中国被誉为"世界园林之母"或"世界花园之母"，它不仅有千变万化的草本植物，更有丰富的谓之"园林空间骨架"的木本植物。北美原产的木本植物 600 余种，欧洲不到 300 种，而中国，仅种子植物中的木本植物便有 8000 余种（乔木 2000 种左右），且至少有 50% 可用于园林建设的需要。

1. 园林树木的概念与范畴

"园林"一词古已有之，而"园林树木"一词约见于 20 世纪 60 年代前后，这之前多称之为"观赏树木"或"木本花卉"。观赏主要偏重的是花、叶、果、枝干、姿形等与美相关的性状，如牡丹看花色，桂花闻花香，冬青赏红果，白桦观白皮等都与观赏有关。而园林的范畴不仅仅限于赏，还兼具防护、生态、经济等功能，如乌桕不仅是秋色叶及观果植物，同时还是经济植物，构树、紫穗槐则常作为园林抗污染树种应用等。因此，"园林树木"的适用范围更广，更符合城市建设的发展需求。

"园林树木"可定义为一切用于园林绿化美化的木本植物。因此，园林树木可以是人为引种驯化的野生种，如珙桐、水杉、元宝枫等；也可以是人工培育的园艺品种，如'二乔'玉兰、'美人'梅、'和平'月季等。同时，也明确了园林树木的应用范围，包括城乡各类型园林绿地、风景名胜区、保护区、森林公园、防护林、康养休闲场所等环境空间，可以这么说，只要园林的范畴在不断扩大，那么园林树木的种类就不断增加。从这个意义而言，世上植物则都有园林植物之属性，因而世上的木本植物都是潜在的园林树木。

2. 园林树木的分类

园林树木的分类多种多样，可按照植物学的科属系统进行分类，也可按照园林树木的用途及应用方式分类，当然，还可以按照园林树木的狭义属性即观赏特性进行分类，等等。从园林应用的角度出发，实用、方便是园林树木分类的目的。因此，一类是基于植物学划分明确的前提下，一类分类标准会选择园林用途或选择植物的生活型作为依据，此二者最为常见，本书即为后者。

按照园林用途分类，园林树木可划分为行道树、园景（孤赏）树、庭荫树、灌木类、木本地被类、垂直绿化类、绿篱类、防护林类、风景林类等；此分类对树木的园林功能较为明确，但彼此类别之间又或有交叉，如银杏既可作为行道树，也可作为园景树；络石既是木本地被，也是垂直绿化植物。

按照植物生活型分类，园林树木可分为乔木、灌木、藤木（木质藤本）等类。此类别之下还常继续按照生长型划分阔叶、针叶以及落叶、常绿等外型特征。乔木还可以细分为大、中、小三级。种分类方式基于植物的生长属性，便于查找和使用。

需要指出的是，有些在植物生活型中被划分为草本的植物，在园林应用分类中，却常纳入园林树木的范畴中来。如禾本科竹亚科的植物，无论是高大的毛竹、粉单竹，丛生式的凤尾竹，还是低矮的铺地竹、箬竹等地被竹，其草质茎的木质化特征明显，常被划分为单一的一类"竹类"；又如龙舌兰科的剑麻、凤尾兰等植物，株型高大并呈现出木质形态，常在园林中划分为"灌木类"。

棕榈科植物作为单子叶植物中唯一具有乔木习性、宽阔叶片及发达维管束的植物类群，既有乔木类型如董棕、国王椰子等，也有灌木类型如袖珍椰子、矮棕竹等，还有藤本类型的省藤等，其树形、分枝发育习性等性状特殊，也常被单独划分为一类"棕榈类"。

3. 园林树木的功能

园林树木的本质是植物，净化空气、涵养水源、防风固沙、滞尘减噪等都是植物产生的生态效益；当然，植物还会产生经济效益、社会效益等；同时园林树木还必须兼具服务园林的功能，包括美学上的观赏功能、景观上的营造功能及美化功能、文化教育功能、心理引导功能等。

随着社会的发展和园林建设水平的不断提升，"功能性园林植物"的提法越来越多，园林树木应该是多功能且功能明确的，如吸收二氧化硫的夹竹桃、女贞、泡桐等，吸收 $PM_{2.5}$ 的侧柏、黄葛树等，耐盐碱的柽柳、桂香柳等，抗海风的木麻黄、海桑等，耐火的珊瑚树、海桐等，能杀菌驱虫的桉树、香樟等。因此，园林树木以绿化美化、改善和保护环境为目的，兼具观赏、生态、食用、药用等多项功能必然是未来城市园林发展的趋势。

4. 园林树木的生态习性

园林树木的生态习性，从大尺度而言，即不同的环境地域孕育了不同的树木种类，树木之间都有彼此的自然分布区和适宜的栽培区，如以主要山脉划分的秦岭植物区、泛喜马拉雅植物区、横断山植物区等，也有按照行政地理划分的华北植物区、华东植物区、华南植物区等，地域的气候、土壤、海拔、地形地貌等环境条件，进化出了从形态到习性各异的特色植物类别，如高山植物、滨海植物、沙生植物，这些都是了解园林树木生态习性的前提。

从小尺度而言，园林树木关注的是其在园林中是否能栽培好和应用好，即生长发育正常，是树木对其环境条件的具体要求和适应能力。一般的生长环境条件包括气候和土壤两方面内容，气候指的是光照、温度、湿度等因子，而土壤则是与土壤肥力相关的理化性质，如颗粒大小、孔隙度、酸碱度、可溶性离子浓度等。因此，在园林应用中我们会分类并关注诸如湿生树种、耐水湿树种、耐旱树种、旱生树种、喜热树种、喜温树种、耐寒树种、喜光树种（阳性树）、耐阴树种（阴性树）、酸性树种、耐盐碱树种、喜钙树种等，以便于开展科学的园林树种规划设计。

对于温度而言，热带树种多为喜热树种，不耐寒，如木棉、凤凰木、菩提树等，而对应的温带、寒温带树种多为耐寒树种，不耐热，如樟子松、云杉、白桦等，在做植物应用树种选择时，应从植物的原产地出发，考虑其栽种适应性的可能。需要明确的是，同样在亚热带区域生长的园林树木，不同的种类对高温和低温耐受性也是不同的，可以通过排序来实现合理的树种选择，本书即是在一定区域范围（华南、华中、华东、三北）内开展的直观性量化。同样，对于园林树木的水分因子、光照因子、

　　土壤因子，对比原产地和栽培地的环境属性也很重要，尤其是对新引种（无论是来自野外还是国外）的园林树木而言更为必要。

　　总之，园林树木服务于园林，我国作为园林植物的资源大国，既要利用好自身的树木资源，同时又要不断地引进国外的新优品种；园林树木要应用得当，就必须知其名、解其功、明其性。植物是园林中活的载体，其生长的过程是稳定的也是变化的，通过合理的分类、归纳、展示，将其固有的规律鲜活地呈现出来，这便是《园林树木应用指南》。

本书特色

1. 直观性的设计资料

　　本书侧重于以图示化的语言表现园林植物的各种特性和特征，下表是本书从应用角度对园林植物的分类。

本书中植物的分类

针叶树
常绿阔叶乔木
落叶阔叶乔木
常绿阔叶灌木及小乔木
落叶阔叶灌木及小乔木
棕榈类
竹类
藤木类

2. 简明植物形态、特性

　　本书力求以最少的文字表达清楚常用园林植物必要的相关应用信息。

3. 重视照片的应用

　　本书中所使用的照片由单独树形的照片，植物应用实例的照片，花、果、叶、树皮等具有观赏价值的照片等组成。相信这对园林设计中植物的应用具有较高的参考价值。

4. 重视园林植物的基础应用

　　本书对园林常用植物的功能及应用以图示化和照片表达，便于读者迅速了解常用园林植物相应的基础运用。

5. 专业植物应用 +AR 展示

　　结合前沿科技，生动、立体、直观地表现植物，实现跨区域认知、科普和"源于专业，面向公众，源于科技，面向未来"的初衷。

使用方法

常绿阔叶乔木

榕树（细叶榕、小叶榕）
Ficus microcarpa
桑科 榕属

※ 树形及树高

```
10m          20m
            
5m           10m
  应用         成树
```

※ 功能及应用

!　侧根易造成硬质结构的破坏
　　落果易污染地面

●公园及公共绿地、风景区、林地、海滨、工厂、湿地及河畔
●孤植、列植、丛植、群植

※ 观赏时期

月	1	2	3	4	5	6	7	8	9	10	11	12
花												
叶												
实												

※ 区域生长环境

光照　阴 ▭▭▭▭▭ 阳
水分　干 ▭▭▭▭▭ 湿
温度　低 ▭▭▭▭▭ 高

※ 简介

●多须状气生根，单叶互生，倒卵形，革质，无毛。
●速生树种，耐贫瘠，极耐湿，喜微酸性土壤，耐火烧、抗风力强，寿命长，耐修剪，移植易存活，扦插或播种繁殖。
●对粉尘、酸雨、氟化物等空气污染物抗性极强，有滞尘减噪之功效。丛生气生根下垂如须，逐渐生长及地，可独树成林。
●热带及亚热带树种，产中国华南地区、印度东南亚各国至澳大利亚，被评为福建省省树，也被福州、赣州、柳州等地选为市树。

— 树形及树高

　　树形则根据树木成年期后的形状特征大致分为乔木（10类）、灌木（5类）和其他。树高则是指园林应用中树木通常使用的高度和长成高度，将其大致分为3类。

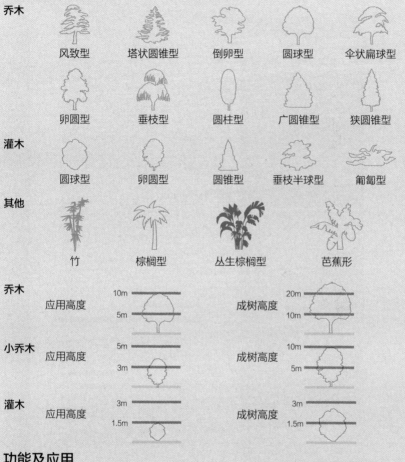

乔木

| 风致型 | 塔状圆锥型 | 倒卵型 | 圆球型 | 伞状扁球型 |

| 卵圆型 | 垂枝型 | 圆柱型 | 广圆锥型 | 狭圆锥型 |

灌木

| 圆球型 | 卵圆型 | 圆锥型 | 垂枝半球型 | 匍匐型 |

其他

| 竹 | 棕榈型 | 丛生棕榈型 | 芭蕉形 |

乔木　应用高度　10m／5m　成树高度　20m／10m

小乔木　应用高度　5m／3m　成树高度　10m／5m

灌木　应用高度　3m／1.5m　成树高度　3m／1.5m

— 功能及应用

　　本书通过图示语言表示了植物的健康特性和不良特性，其图示为：

健康性：　　康体保健类 　　　医疗保健类

　　　　　　杀菌杀虫驱虫类 　　吸收有毒气体类 　　不良特性的图示为　!

　　植物应用的场所分为：公园及公共绿地、风景区、庭园、道路、海滨、林地、建筑环境（含住区）、工矿区、医院、学校、垂直绿化、湿地、滨水、屋顶绿化。植物应用的种植方式分为篱植、列植、孤植、丛植、片植和群植。

炮仗花
Pyrostegia venusta
紫葳科 炮仗花属

※ 栽植方式

壁面绿化(攀爬式)

※ 功能及应用

●公园及公共绿地、风景区、庭园、道路、建筑环境
(含住区)、工矿区、医院、学校、垂直绿化、屋顶绿化、
滨水

※ 观赏时期

月	1	2	3	4	5	6	7	8	9	10	11	12
花												
叶												
实												

※ 区域生长环境

光照　阴 ▭▭▭▭▭▭ 阳
水分　干 ▭▭▭▭▭▭ 湿
温度　低 ▭▭▭▭▭▭ 高

※ 简介

●常绿，小枝有 6～8 纵棱。复叶对生，小叶 3 枚，其
中一枚常变为线形 3 裂的卷须，小叶卵状椭圆形。花橙
红色，管状、成下垂圆锥花序。蒴果细。
●速生树种，很不耐寒，最低温度 13～15℃，扦插或
压条繁殖。
●初夏红橙色的花朵累累成串，状如鞭炮，故有"炮仗
花"之称。
●热带树种，原产南美巴西和巴拉圭，世界热带广泛栽培。

— AR

书中选用24种植物三维模型，下载相应软件，在对应的所属场景里扫描具有AR标识的页码，即可直观感受植物。

IOS设备使用说明： 本软件适用于iPhone6s/iPadAir2/iPadMini3及以上的机型及IOS11及以上的系统。（1）直接相机扫描封底二维码，通过屏幕右上角Safari浏览，打开下载安装，安装完后在设置->通用->设备管理->企业级应用->点击信任，之后可启动程序开始识别AR植物；（2）微信扫描封底二维码，通过屏幕右上角Safari浏览，打开下载安装，安装完后在设置->通用->设备管理->企业级应用->点击信任，之后可启动程序开始识别AR植物。

Android设备使用说明： 本软件适用于RAM值大于4G的Android设备。1.浏览器直接扫描封底二维码下载安装，安装完成后可启动程序开始识别AR植物。2.微信扫描封底二维码->更多->再选择您手机里的浏览器下载安装，安装完成后可启动程序开始识别AR植物。

— 栽植方式

在园林植物应用中，藤本植物既能单独成景，也能修剪成绿篱；主要有下面几种不同的栽植方式或其组合：

壁面绿化(吸附式)　　　　壁面绿化(探出式)　　　　壁面绿化(攀爬式)

— 形态分类&观赏时期

华南地区以广州、深圳地区的植物信息和特性为基准。乔木、灌木及其他类型的分类则依据植物成年期的自然形态。观赏时期只标识该植物具有该方面观赏特性。

— 照片及其说明

整体树型照片： 体现树木的整体形象以及长成后的形状。

特写照片： 该部分照片主要是对花、叶、果实、枝、干等具有较高观赏价值的部位。

应用实例照片： 该照片表现了树木的用途及其栽植的实例等特点。

— 简介

对园林植物除应用和特性以外的其他特点以文字形式进行补充说明，如形态、生长状况、历史文化内涵、市树市花等。

桫椤（刺桫椤）

Alsophila spinulosa

桫椤科 木桫椤属

※ 树形及树高

3m
1.5m

应用

5m
3m

成树

※ 功能及应用

● 庭园、建筑环境（含住区）

● 孤植、丛植

※ 观赏时期

月	1	2	3	4	5	6	7	8	9	10	11	12
花												
叶												
实												

※ 区域生长环境

光照	阴		阳
水分	干		湿
温度	低		高

※ 简介

● 常绿树状蕨类，大型三回羽状复叶，叶柄棕色，具刺状突起。

● 不耐寒，树形优雅别致，是珍奇的庭园观赏植物。

● 慢生树种。

● 热带及亚热带树种，产自我国华南、西南及台湾地区，有"蕨类植物之王"的美誉，是古老的"孑遗植物"，与恐龙化石时代并存，有"活化石"之称。

苏铁（铁树）
Cycas revoluta
苏铁科　苏铁属

※ 树形及树高

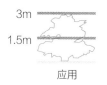

3m
1.5m
应用

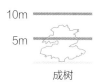

10m
5m
成树

※ 功能及应用

吸收二氧化硫、甲醇

●公园及公共绿地、庭园、建筑环境（含住区）、道路、工矿区、屋顶绿化、医院、学校
●孤植、对植、丛植

※ 观赏时期

月	1	2	3	4	5	6	7	8	9	10	11	12
花												
叶												
实												

※ 区域生长环境

光照　阴 ▭ 阳
水分　干 ▭ 湿
温度　低 ▭ 高

※ 简介

●大羽状复叶，小叶线形，硬革质。种子红色。
●喜微酸性土壤，不耐寒。
●慢生树种，寿命长，有千年铁树开花之说。
●为诱蝶及寄主植物。
●关于铁树的命名：一说是因其木质密度大，入水即沉，沉重如铁而得名；另一说因其生长需要大量铁元素，故而名之。
●热带及亚热带树种，产自我国福建沿海低山区及其邻近岛屿，为国家Ⅰ级保护植物。

越南篦齿苏铁
Cycas elongata
苏铁科　苏铁属

※ 树形及树高

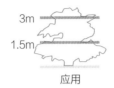

3m
1.5m

应用

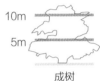

10m
5m

成树

※ 功能及应用

吸收二氧化硫、甲醇

●公园及公共绿地、庭园、建筑环境（含住区）、道路、工矿区、屋顶绿化、医院、学校
●孤植、对植、丛植

※ 观赏时期

月	1	2	3	4	5	6	7	8	9	10	11	12
花												
叶												
实												

※ 区域生长环境

光照　阴 [＿＿＿＿＿＿] 阳
水分　干 [＿＿＿＿＿＿] 湿
温度　低 [＿＿＿＿＿＿] 高

※ 简介

●常绿木本，茎干灰白色，老树有分支。羽状复叶直而不弯垂，条形。
●喜微酸性土壤，不耐寒。
●慢生树种。
●热带树种，原产越南沿海山区，我国华南地区有引种栽培。

鳞秕泽米铁（阔叶美洲苏铁）

Zamia furfuracea

泽米铁科 泽米铁属（美洲苏铁属）

※ 树形及树高

3m	3m
1.5m	1.5m
应用	成树

※ 功能及应用

● 公园及公共绿地、庭园、建筑环境（含住区）、屋顶绿化、医院、学校
● 孤植、对植、丛植

※ 观赏时期

月	1	2	3	4	5	6	7	8	9	10	11	12
花												
叶												
实												

※ 区域生长环境

光照	阴 ▭ 阳
水分	干 ▭ 湿
温度	低 ▭ 高

※ 简介

● 常绿木本，茎单生或丛生，大部分埋于土中。羽状复叶，叶柄有刺，小叶长椭圆形，硬革质。雌球果茶褐色至深褐色。种子红色至粉红色。
● 不耐寒，忌暴晒，耐干旱。
● 慢生树种，适应性强，萌芽力强。
● 热带树种，原产墨西哥及哥伦比亚；热带地区广为栽培、观赏。

南洋杉（异叶南洋杉、诺福克南洋杉）
Araucaria heterophylla
南洋杉科 南洋杉属

※ 树形及树高

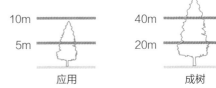

应用　　　　　成树

※ 功能及应用

●公园及公共绿地、庭园、建筑环境（含住区）、道路、海滨、工厂、林地、湿地及河畔、医院、学校
●孤植、列植、对植、丛植

※ 观赏时期

月	1	2	3	4	5	6	7	8	9	10	11	12
花												
叶												
实												

※ 区域生长环境

光照　阴 ▭ 阳
水分　干 ▭ 湿
温度　低 ▭ 高

※ 简介

●常绿乔木，大枝轮生而平展，侧生小枝羽状密生常呈V形。
●速生树种，寿命长，很不耐寒，不耐旱，防风。
●与雪松、日本金松、金钱松、巨杉等合称为世界五大公园树。
●热带及亚热带树种，原产大洋洲诺福克岛。

马尾松
Pinus massoniana

松科　松属

※ 树形及树高

应用

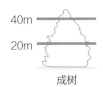

成树

※ 功能及应用

● 公园及公共绿地、风景区、林地
● 孤植、群植、片植

※ 观赏时期

月	1	2	3	4	5	6	7	8	9	10	11	12
花												
叶												
实												

※ 区域生长环境

光照　阴 阳
水分　干 湿
温度　低 高

※ 简介

● 常绿乔木，树皮下部灰褐色，上部红褐色，裂成不规则的厚块片。针叶细长而软，2 针 1 束下垂或略下垂。
● 喜酸性土壤，忌水涝及盐碱。
● 速生树种，深根性。
● 亚热带树种，产长江流域及其以南各省区。

水松
Glyptostrobus pensilis
杉科 水松属

※ 树形及树高

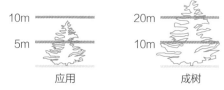

10m	20m
5m	10m
应用	成树

※ 功能及应用

● 公园及公共绿地、风景区、林地、湿地及河畔
● 丛植、群植、片植

※ 观赏时期

月	1	2	3	4	5	6	7	8	9	10	11	12
花												
叶		▬	▬	▬	▬	▬	▬	▬	▬	▬	▬	
实												

※ 区域生长环境

光照　阴 [_____] 阳
水分　干 [_____] 湿
温度　低 [_____] 高

※ 简介

● 落叶乔木，生于底湿处者树干基部膨大，并有呼吸根伸出土面，在排水良好区域，树干基部不膨大，呼吸根不会凸起，干皮松软，长片状剥落，小枝绿色，有两种：生芽枝鳞形叶，冬季不脱落；无芽枝针状叶，冬季与叶俱落。叶均螺旋状互生，但针状叶常呈二列状。
● 不耐寒，很耐水湿，抗风性强。
● 速生树种，根系发达，播种或扦插繁殖。
● 亚热带树种，中国特产，星散分布于华南和西南地区，国家 II 级保护植物。

落羽杉（落羽松）
Taxodium distichum
杉科　落羽杉属

※ 树形及树高

应用

成树

※ 功能及应用

- 公园及公共绿地、风景区、建筑环境（含住区）、道路、林地、湿地及河畔
- 列植、丛植、群植、片植

※ 观赏时期

月	1	2	3	4	5	6	7	8	9	10	11	12
花												
叶												
实												

※ 区域生长环境

光照　阴 ▢▢▢▢▢ 阳
水分　干 ▢▢▢▢▢ 湿
温度　低 ▢▢▢▢▢ 高

※ 简介

- 落叶乔木，树干基部常膨大，具膝状呼吸根。树皮赤褐色，裂成长条片。大枝近水平开展，侧生短枝排成二列。叶扁线形，互生，羽状排列，淡绿色，冬季与小枝俱落。球果圆球形。
- 耐水湿，有一定耐寒能力，耐盐碱，抗污染，抗台风。
- 速生树种，播种或扦插繁殖。树形优美，树叶入秋后变为古铜色。是古老的"孑遗植物"。
- 热带及亚热带树种，原产北美密西西比河两岸，中国长江流域及其以南地区早有栽培。

池杉（池柏）

Taxodium ascendens

杉科 落羽杉属

※ 树形及树高

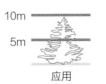

应用   成树

※ 功能及应用

●公园及公共绿地、建筑环境（含住区）、道路、林地、湿地及河畔

●列植、丛植、群植、片植

※ 观赏时期

月	1	2	3	4	5	6	7	8	9	10	11	12
花												
叶			▬	▬	▬	▬	▬	▬	▬	▬	▬	▬
实												

※ 区域生长环境

光照   阴 ▭▭▭▭▭▭▭ 阳

水分   干 ▭▭▭▭▭▭▭ 湿

温度   低 ▭▭▭▭▭▭▭ 高

※ 简介

●落叶乔木，树皮纵裂成长条片状脱落，大枝向上伸展，二年生枝褐红色，脱落性小枝常直立向上。叶钻形略扁，螺旋状互生，贴近小枝，通常不为二列状。

●有一定耐寒性，极耐水湿，颇耐干旱，不耐碱性土，抗风力强，萌芽力强。

●速生树种，树形优美，秋叶鲜褐色。

●亚热带树种，原产美国弗吉尼亚州，中国长江流域及其以南地区有引种栽培。

水杉

Metasequoia glyptostroboides

杉科　水杉属

※ 树形及树高

应用

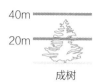

成树

※ 功能及应用

● 庭园、公园及公共绿地、建筑环境（含住区）、林地、湿地及河畔
● 列植、丛植、群植、片植

※ 观赏时期

月	1	2	3	4	5	6	7	8	9	10	11	12
花												
叶			▬	▬	▬	▬	▬	▬	▬	▬	▬	
实												

※ 区域生长环境

光照　阴 ▭ 阳
水分　干 ▭ 湿
温度　低 ▭ 高

※ 简介

● 落叶乔木，大枝不规则轮生，小枝对生。叶扁线形，柔软，淡绿色，对生，呈羽状排列，冬季与无芽小枝俱落。球果近球形。
● 酸性、石灰性及轻盐碱土上均可生长，具有一定耐寒性，长期在排水不良的地方生长缓慢，树干基部通常膨大、有纵棱。
● 慢生树种，寿命长，病虫害少，播种或扦插繁殖。
● 暖温带及亚热带树种，中国特产，闻名中外的古老珍稀子遗树种，为国家 I 级保护植物。

龙柏

Sabina chinensis 'Kaizuka'

柏科　圆柏属

※ 树形及树高

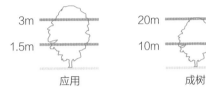

3m / 1.5m	20m / 10m
应用	成树

※ 功能及应用

●公园及公共绿地、庭园、工矿区、医院、学校、道路
●孤植、列植、丛植、群植

※ 观赏时期

月	1	2	3	4	5	6	7	8	9	10	11	12
花												
叶	▬	▬	▬	▬	▬	▬	▬	▬	▬	▬	▬	▬
实												

※ 区域生长环境

光照　阴 [　　　　　　　　　　] 阳
水分　干 [　　　　　　　　　　] 湿
温度　低 [　　　　　　　　　　] 高

※ 简介

●乔木，树体通常瘦削，侧枝短而环抱主干，端梢扭转上升，如龙舞空。全为鳞叶，嫩时鲜黄绿色，老则变灰绿色。
●稍耐阴，耐干旱，忌积水，喜干燥、肥沃、深厚土壤，对酸碱度适应性强，有一定耐寒能力，较耐盐碱，对氧化硫、氯抗性强，抗风能力差。
●中生树种。
●暖温带及亚热带树种，原产中国，是圆柏的栽培变种。

侧柏

Platycladus orientalis

柏科 侧柏属

※ 树形及树高

应用

成树

※ 功能及应用

吸附粉尘

● 公园及公共绿地、庭园、工矿区、医院、学校、道路
● 篱植、孤植、列植、群植、片植

※ 观赏时期

月	1	2	3	4	5	6	7	8	9	10	11	12
花												
叶												
实												

※ 区域生长环境

光照　阴 〈　　　　　　　　　〉 阳
水分　干 〈　　　　　　　　　〉 湿
温度　低 〈　　　　　　　　　〉 高

※ 简介

● 常绿乔木，小枝片竖直排列。叶鳞片状，对生，两面均为绿色。球果卵形，褐色。
● 耐干旱瘠薄和盐碱地，不耐水涝，能适应干冷气候，也能在暖湿气候条件下生长，喜钙树种。
● 中生树种，寿命长，浅根性，侧根发达，萌芽力强，播种繁殖。耐修剪，抗二氧化硫、氯化氢等有害气体，抗风能力差。
● 暖温带及亚热带树种，原产中国北部，现南北各地普遍栽培，北京市市树。

罗汉松

Podocarpus macrophyllus

罗汉松科 罗汉松属

※ 树形及树高

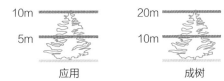

10m		20m	
5m		10m	
应用		成树	

※ 功能及应用

🌲 吸收二硫化碳、二氧化硫、氟化氢、粉尘

●公园及公共绿地、建筑环境（含住区）、庭园、风景区、道路、工矿区、医院、学校
●孤植、列植、对植、丛植

※ 观赏时期

月	1	2	3	4	5	6	7	8	9	10	11	12
花												
叶												
实												

※ 区域生长环境

光照 阴 ▭ 阳

水分 干 ▭ 湿

温度 低 ▭ 高

※ 简介

●常绿乔木，叶线状披针形，有明显中肋，螺旋状互生。
●慢生树种，耐修剪，寿命长，不耐寒，萌芽力强，播种或扦插繁殖。
●有一定抗风能力，对硝酸雾等多种有毒气体及烟尘抗性较强。
●绿色种子与红色的种托似披着红色裟衣在打坐的罗汉，故名"罗汉松"。
●亚热带树种，产中国长江以南地区，野生分布较少。

竹柏
Nageia nagi
罗汉松科 竹柏属

※ 树形及树高

应用

成树

※ 功能及应用

 镇静、解闷、调节情绪　　 抗病虫害，驱蚊

●公园及公共绿地、建筑环境（含住区）、风景区、庭园、道路、工矿区、医院、学校
●列植、丛植、群植

※ 观赏时期

月	1	2	3	4	5	6	7	8	9	10	11	12
花												
叶												
实												

※ 区域生长环境

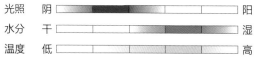

光照　阴 ▭ 阳
水分　干 ▭ 湿
温度　低 ▭ 高

※ 简介

●常绿乔木，叶对生，披针状椭圆形，厚革质，有光泽。
●耐阴性强，不耐寒，不耐盐碱，播种或扦插繁殖。
●中生树种，可净化空气、抗污染，有防风功能。
●叶片似竹叶，因而名为"竹柏"。
●经济树种。
●亚热带树种，产中国东南部至华南，有较多栽培品种包括花叶品种。

南方红豆杉（美丽红豆杉）

Taxus wallichiana var. mairei

红豆杉科 红豆杉属

※ 树形及树高

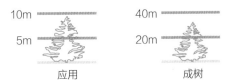

10m		40m	
5m		20m	
	应用		成树

※ 功能及应用

● 公园及公共绿地、庭园、建筑环境（含住区）、林地、医院、学校

● 孤植、对植、列植、丛植、群植

※ 观赏时期

月	1	2	3	4	5	6	7	8	9	10	11	12
花												
叶	■	■	■	■	■	■	■	■	■	■	■	■
实									■	■	■	

※ 区域生长环境

光照　阴 ■■■□□□□ 阳
水分　干 □□□□■□□ 湿
温度　低 □□□□□□□ 高

※ 简介

● 常绿木本，叶扁线形，多呈弯镰状，在枝上呈羽状二列，假种皮杯状，红色。

● 极耐阴，喜微酸至酸性土壤，忌干旱，在中性土及钙质土上也能生长。

● 慢生树种，寿命长，浅根性、侧根发达。

● 入秋红果满枝、鲜艳夺目，是理想的园林观赏树种。

● 亚热带树种，产中国长江流域以南各省山地，枝叶中提取的紫杉醇是世界公认的抗癌药，属中国特有的第三纪孑遗植物，为国家 I 级保护植物。

广玉兰（荷花玉兰）

Magnolia grandiflora

木兰科 木兰属

※ 树形及树高

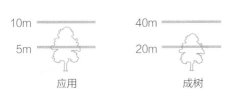

应用　　　　　成树

※ 功能及应用

 改善心率

● 公园及公共绿地、建筑环境（含住区）、工矿区、医院、学校、风景区、庭园、道路

● 孤植、对植、列植、丛植、群植

※ 观赏时期

月	1	2	3	4	5	6	7	8	9	10	11	12
花												
叶												
实												

※ 区域生长环境

光照　阴 ▭ 阳

水分　干 ▭ 湿

温度　低 ▭ 高

※ 简介

● 叶长椭圆形，厚革质，表面亮绿色，背面有锈色绒毛。花大，白色，芳香。

● 喜光，忌暴晒，不耐寒，耐烟尘，对二氧化硫等有害气体抗性较强，可用于净化空气，保护环境，抗风。

● 中生树种，播种、嫁接或高空压条繁殖。

● 亚热带树种，原产美国东南部，约 1913 年首先引入中国广州栽培，固有广玉兰之名，由于开花很大，形似荷花，故又称为"荷花玉兰"，为常州、合肥、连云港等市市树。

海南木莲（绿楠）

Manglietia hainanensis

木兰科 木莲属

※ 树形及树高

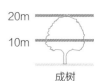

应用   成树

※ 功能及应用

● 庭园、道路
● 孤植、列植、群植

※ 观赏时期

月	1	2	3	4	5	6	7	8	9	10	11	12
花												
叶												
实												

※ 区域生长环境

光照   阴 ▭▭▭▭▭ 阳

水分   干 ▭▭▭▭▭ 湿

温度   低 ▭▭▭▭▭ 高

※ 简介

● 小枝绿色或绿褐色，有毛。单叶互生，长椭圆形，薄革质。无毛，表面深绿色有光泽，背面浅绿色，幼叶红色。花单朵顶生，大而洁白。聚合蓇葖果，种子红色。
● 喜深厚肥沃沙质土壤，幼树耐阴。
● 中生树种，寿命长。
● 热带树种，中国海南特产，材质坚硬，为水箱、高级家具、乐器等小巧工艺用材，列为海南 I 类木材。

白兰花（白兰、缅桂）

Michelia alba

木兰科　含笑属

※ 树形及树高

10m
5m
应用

20m
10m
成树

※ 功能及应用

 提神　　　 抑菌

 平喘、止咳、祛痰、改善心率、抗癌、缓解头痛

● 公园及公共绿地、风景区、庭院、道路、学校、医院、建筑环境（含住区）
● 孤植、列植、对植、丛植、群植

※ 观赏时期

月	1	2	3	4	5	6	7	8	9	10	11	12
花												
叶												
实												

※ 区域生长环境

光照　阴 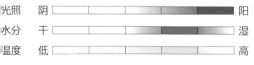 阳
水分　干 湿
温度　低 高

※ 简介

● 单叶互生，长椭圆形。花单生，白色，浓香。
● 中生树种，萌芽力强，嫁接苗（黄兰砧木）成活率高。
● 喜酸性土壤，偏肉质根忌水涝。
● 固氮释氧能力强，对人体呼吸系统有保健作用。
● 对二氧化硫、氯气等有毒气体较敏感，抗性差。
● 诱蝶及寄主植物。
● 热带树种，原产印尼爪哇，为厄瓜多尔国花，中国华南地区常见栽培。

黄兰（黄缅桂）

Michelia champaca

木兰科　含笑属

※ 树形及树高

应用

成树

※ 功能及应用

平喘、止咳、祛痰、抗癌　抑菌

●公园及公共绿地、风景区、庭院、道路、林地、学校、医院、建筑环境（含住区）

●孤植、列植、对植、丛植、群植

※ 观赏时期

月	1	2	3	4	5	6	7	8	9	10	11	12
花												
叶												
实												

※ 区域生长环境

光照　阴 ▭ 阳

水分　干 ▭ 湿

温度　低 ▭ 高

※ 简介

●外形与白兰花相似，单叶互生。花为淡黄色，花单生叶腋，芳香。常作砧木。

●喜酸性土壤，不耐碱性土壤。

●中生树种，有较强固氮释氧功能，对人体呼吸系统有保健作用，对有毒气体抗性较强。

●热带树种，产中国西藏东南部、云南南部及西南部，印度、缅甸、越南也有分布。

深山含笑

Michelia maudiae

木兰科 含笑属

※ 树形及树高

应用　　　　成树

※ 功能及应用

 平喘、止咳、祛痰、消炎

● 公园及公共绿地、建筑环境（含住区）、道路、林地、学校、医院、庭园

● 孤植、列植、对植、丛植、群植

※ 观赏时期

月	1	2	3	4	5	6	7	8	9	10	11	12
花												
叶												
实												

※ 区域生长环境

光照　阴 ▭ 阳

水分　干 ▭ 湿

温度　低 ▭ 高

※ 简介

● 单叶互生，长椭圆形，薄革质而不硬，背面粉白色。花单生叶腋，白色芳香，花期长，花量多。

● 速生树种，适应性广，能耐 −9℃低温，浅根性，侧根发达。

● 固氮释氧对人体呼吸系统有保健作用，对二氧化硫抗性较强。

● 有较高的观赏和经济价值。

● 亚热带树种，主要分布在浙江、福建、湖南、广东、广西、贵州等地。

醉香含笑（火力楠）
Michelia macclurei
木兰科　含笑属

※ 树形及树高

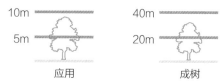

应用　　　成树

※ 功能及应用

● 公园及公共绿地、庭院、道路、林地、海滨
● 列植、孤植、丛植、群植

※ 观赏时期

月	1	2	3	4	5	6	7	8	9	10	11	12
花			▨	▨								
叶												
实												

※ 区域生长环境

光照　阴 □□□□□□ 阳
水分　干 □□□□□□ 湿
温度　低 □□□□□□ 高

※ 简介

● 芽、幼枝、叶柄均被平伏短绒毛。单叶互生，椭圆形，厚革质，背面被灰色或淡褐色细毛。花白色或淡黄色，芳香。聚合果。
● 喜深厚的酸性土壤，适应性强。
● 中生树种，萌芽性强。
● 有一定的抗火能力和抗风性。
● 亚热带树种，产于广东东南部、海南、广西北部。

乐昌含笑

Michelia chapensis

木兰科 含笑属

※ 树形及树高

应用

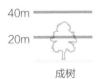
成树

※ 功能及应用

●公园及公共绿地、风景区、庭院、道路、林地、学校、医院、庭园

●列植、孤植、对植、丛植、群植

※ 观赏时期

月	1	2	3	4	5	6	7	8	9	10	11	12
花												
叶												
实												

※ 区域生长环境

光照　阴 ▭ 阳

水分　干 ▭ 湿

温度　低 ▭ 高

※ 简介

●小枝无毛，幼时节上有毛。单叶互生，薄革质，倒卵形。花黄白色带绿色，芳香。种子红色。

●中生树种，适应性强，耐高温，抗污染，病虫害少。

●有一定的经济价值。

● 1929 年英国植物学家 Dandy 在乐昌市两江镇上茶坪村发现，并因此而得名，为国家 Ⅱ 级保护植物。

●亚热带树种，产湖南、江西、广东、广西、贵州。

观光木

Tsoongiodendron odorum

木兰科　观光木属

※ 树形及树高

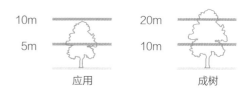

应用　　　　成树

※ 功能及应用

●公园及公共绿地、风景区、庭园、道路、林地、建筑环境（含住区）、工矿区、医院、学校
●孤植、列植、丛植、群植

※ 观赏时期

月	1	2	3	4	5	6	7	8	9	10	11	12
花			■									
叶	■	■	■	■	■	■	■	■	■	■	■	■
实												

※ 区域生长环境

光照	阴		阳
水分	干		湿
温度	低		高

※ 简介

●单叶互生，卵圆形。花单生叶腋，芳香，乳白色或淡紫红色。聚合果大，卵状椭球形，熟时紫红色，果皮厚木质。
●幼时耐半阴，喜深厚肥沃而排水良好的土壤。
●速生树种，根系强大，寿命长，萌芽力强。
●单属种，以我国近现代植物分类学奠基人和先驱者钟观光命名。
●亚热带树种，产中国长江以南及西南地区，国家Ⅱ级保护植物。

垂枝暗罗（印度塔树）
Polyalthia longifolia 'Pendula'
番荔枝科　暗罗属

※ 树形及树高

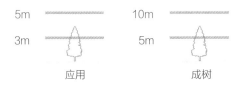

5m ——— 10m ———
3m ——— 5m ———
应用　　　　　成树

※ 功能及应用

●公园及公共绿地、庭园、建筑环境（含住区）、道路
●孤植、丛植、列植、丛植、群植

※ 观赏时期

月	1	2	3	4	5	6	7	8	9	10	11	12
花												
叶												
实												

※ 区域生长环境

光照　阴 [＝＝＝＝＝＝] 阳
水分　干 [＝＝＝＝＝＝] 湿
温度　低 [＝＝＝＝＝＝] 高

※ 简介

●主干挺直，枝叶密集而明显下垂。单叶互生，条状披针形，亮绿色。花腋生或与叶对生，淡黄绿色。聚合浆果。
●慢生树种，不耐阴，不耐寒，喜排水良好土壤。
●热带树种，原产印度、巴基斯坦、斯里兰卡等地，在南亚及东南亚地区属高档绿化树种，因酷似佛教中的尖塔，在佛教盛行的地方被视为神圣的宗教植物，亦被称为"阿育王树"。

樟树（香樟）

Cinnamomum camphora

樟科 樟属

※ 树形及树高

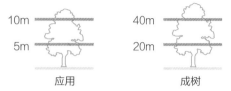

应用　　　　　　　　　成树

※ 功能及应用

消除疲劳、醒脑　　　驱蚊　　　止咳、平喘、祛痰

●公园及公共绿地、风景区、庭园、道路、海滨、林地、建筑环境（含住区）、工矿区、医院、学校
●孤植、对植、列植、丛植、群植

※ 观赏时期

月	1	2	3	4	5	6	7	8	9	10	11	12
花												
叶												
实												

※ 区域生长环境

光照　阴 ▭ 阳
水分　干 ▭ 湿
温度　低 ▭ 高

※ 简介

●单叶，通常互生，卵状椭圆形，薄革质，具离基三出脉背面灰绿色，无毛。果球形，熟时紫黑色。
●稍耐阴，不耐寒，以肥沃、湿润、微酸性的黏质土生长最好，较耐水湿，寿命长，耐修剪，萌芽能力强。
●固氮释氧，对氯气、二氧化硫、氢氟酸、臭氧、烟尘等有害气体具有一定的抗性，有抗海潮风、减噪功能。
●诱蝶及寄主植物。
●速生树种，名贵木材之一，全株有浓郁的樟脑味。
●亚热带树种，广布于中国长江流域以南地区。

阴香（广东桂皮）
Cinnamomum burmannii
樟科 樟属

※ 树形及树高

应用

成树

※ 功能及应用

 催眠　　止咳、祛痰、消炎　　 抑菌

●公园及公共绿地、风景区、庭园、道路、海滨、林地、建筑环境（含住区）、工矿区、医院、学校
●孤植、对植、列植、丛植、群植

※ 观赏时期

月	1	2	3	4	5	6	7	8	9	10	11	12
花												
叶												
实												

※ 区域生长环境

光照　阴 ▭ 阳
水分　干 ▭ 湿
温度　低 ▭ 高

※ 简介

●树皮光滑，有桂皮香味。单叶互生或近对生，长椭圆形，背面粉绿色，无毛。果卵形。
●适应性强，有一定的抗风性。
●速生树种，播种、扦插或分根繁殖。
●固氮释氧，降温增湿，对人体呼吸系统有保健作用，对氯气和二氧化硫抗性较强。
●叶为芳香植物，可入药，树也提供木材，为经济树种。
●亚热带树种，产中国广东、广西、云南及福建。

木波罗（木菠萝、树波罗、波罗蜜）

Artocarpus heterophyllus

桑科　桂木属

※ 树形及树高

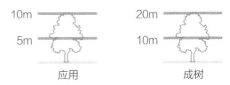

应用　　　　　　成树

※ 功能及应用

●公园及公共绿地、风景区、庭园、道路、林地、建筑环境（含住区）、工矿区、学校

●孤植、列植、丛植、群植

※ 观赏时期

月	1	2	3	4	5	6	7	8	9	10	11	12
花												
叶												
实												

※ 区域生长环境

光照　阴 ▭ 阳

水分　干 ▭ 湿

温度　低 ▭ 高

※ 简介

●有乳汁，小枝细，无毛。单叶互生，椭圆形，两面无毛，厚革质。聚花果大形。

●喜温暖湿润不耐寒。

●中生树种，播种或嫁接繁殖。

●热带果树之一，果实可食用。

●热带树种，原产印度和马来西亚。

面包树

Artocarpus altilis

桑科　桂木属

※ 树形及树高

应用　　　　　　成树

※ 功能及应用

● 公园及公共绿地、风景区、庭园、建筑环境（含住区）、工矿区、学校
● 孤植、列植、丛植

※ 观赏时期

月	1	2	3	4	5	6	7	8	9	10	11	12
花												
叶												
实												

※ 区域生长环境

光照　阴 ▭ 阳
水分　干 ▭ 湿
温度　低 ▭ 高

※ 简介

● 小枝较粗，具平伏毛，单叶互生，广卵形，成年树叶羽状 3~9 深裂，裂片披针形，暗绿色，有光泽。聚花果球形，肥大肉质，黄绿色，表皮有刺。
● 中生树种，喜肥沃湿润而排水良好土壤，耐干旱，耐热，耐湿，耐贫瘠，稍耐阴。
● 热带果树，果成熟前切片用火烤食，味似面包，因此得名。
● 热带树种，原产太平洋群岛及印度、菲律宾，为马来群岛一带的热带著名林木之一。

桂木（红桂木）

Artocarpus nitidus ssp. *lingnanensis*

桑科 桂木属

※ 树形及树高

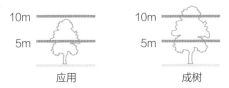

应用   成树

※ 功能及应用

●公园及公共绿地、风景区、建筑环境（含住区）、工矿区、学校

●孤植、列植、丛植、群植

※ 观赏时期

月	1	2	3	4	5	6	7	8	9	10	11	12
花												
叶	■	■	■	■	■	■	■	■	■	■	■	■
实												

※ 区域生长环境

光照　阴 ▭▭▭▭▭▭▭ 阳

水分　干 ▭▭▭▭▭▭▭ 湿

温度　低 ▭▭▭▭▭▭▭ 高

※ 简介

●单叶互生，椭圆形，革质，两面无毛。聚花果近球形，成熟红色或黄色，干时褐色。

●对土壤适应性强。

●速生树种，根系发达。

●诱蜂鸟。

●果味酸甜，可生食。

●热带及亚热带树种，产越南及中国华南、西南地区。

白桂木

Artocarpus hypargyreus

桑科 桂木属

※ 树形及树高

应用

成树

※ 功能及应用

● 公园及公共绿地、风景区、建筑环境（含住区）、工矿区、学校
● 孤植、列植、丛植、群植

※ 观赏时期

月	1	2	3	4	5	6	7	8	9	10	11	12
花												
叶												
实												

※ 区域生长环境

光照　阴 |▭▭▭▭▭| 阳
水分　干 |▭▭▭▭▭| 湿
温度　低 |▭▭▭▭▭| 高

※ 简介

● 单叶互生，叶较桂木较宽，幼树及萌芽枝之叶常具羽状浅裂。果橘黄色。
● 适应性强，可作园林绿化的基调树种。
● 中生树种，诱蜂鸟。
● 乳汁可提取硬性胶。
● 热带及亚热带树种，产华南及云南东南部。

印度胶榕（印度橡皮树）

Ficus elastica

桑科 榕属

※ 树形及树高

应用　　　　　　　　　　成树

※ 功能及应用

! 侧根易造成硬质结构的破坏

●公园及公共绿地、风景区、林地
●孤植、列植、丛植

※ 观赏时期

月	1	2	3	4	5	6	7	8	9	10	11	12
花												
叶												
实												

※ 区域生长环境

光照　阴 ▢▢▢▢▢ 阳
水分　干 ▢▢▢▢▢ 湿
温度　低 ▢▢▢▢▢ 高

※ 简介

●全株无毛，单叶互生，厚革质，长椭圆形。
●耐干旱，萌芽能力强，移栽易存活。
●速生树种，播种、扦插或高压繁殖。
●幼树常附生，气生根发达。
●其乳汁是制造橡胶产品的重要原料，因此得名。
●热带树种，原产印度和缅甸，长江流域及北方多盆栽观赏，温室越冬，华南露地栽培，包括紫叶、花叶等多个栽培变种。

印度菩提树（菩提树、思维树）

Ficus religiosa

桑科　榕属

※ 树形及树高

应用

成树

※ 功能及应用

!　侧根易造成硬质结构的破坏

● 公园及公共绿地、风景区、林地、海滨

● 孤植、列植、丛植

※ 观赏时期

月	1	2	3	4	5	6	7	8	9	10	11	12
花												
叶												
实												

※ 区域生长环境

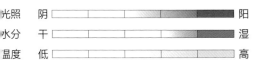

光照　阴 ▭ 阳

水分　干 ▭ 湿

温度　低 ▭ 高

※ 简介

● 单叶互生，叶薄革质，卵圆形，两面光滑无毛，常下垂。

● 喜通风良好的环境，耐干旱，抗风，抗大气污染。

● 速生树种，萌芽力强，移植易存活。

● 热带树种，原产印度，传说佛祖释迦牟尼在该树下修成正果，因此在印度将菩提树视为"神圣之树"。

高山榕（高榕）

Ficus altissima

桑科 榕属

※ 树形及树高

应用　　　　　　成树

※ 功能及应用

吸收二氧化硫　　　! 侧根易造成硬质结构的破坏，落果易污染地面

● 公园及公共绿地、风景区、林地、工厂、海滨
● 孤植、列植、丛植

※ 观赏时期

月	1	2	3	4	5	6	7	8	9	10	11	12
花												
叶												
实												

※ 区域生长环境

光照　阴 ▭ 阳
水分　干 ▭ 湿
温度　低 ▭ 高

※ 简介

● 干皮银灰色，老树常有支柱根。单叶互生，椭圆形，半革质。隐花果红色或黄橙色。
● 耐干旱瘠薄。
● 速生树种，有诱鸟特性，具防风功能。
● 冠大荫浓、树姿稳健壮观，可形成独木成林的景观。
● 根和枝的柔韧性很强，易于曲折或编织，适宜各种造型，故也是盆景制作的首选材料。
● 热带树种，产东南亚地区。

榕树（细叶榕、小叶榕）
Ficus microcarpa
桑科 榕属

※ 树形及树高

应用　　　　成树

※ 功能及应用

! 侧根易造成硬质结构的破坏
落果易污染地面

●公园及公共绿地、风景区、林地、海滨、工厂、湿地及河畔
●孤植、列植、丛植、群植

※ 观赏时期

月	1	2	3	4	5	6	7	8	9	10	11	12
花												
叶												
实												

※ 区域生长环境

光照　阴 ▭ 阳
水分　干 ▭ 湿
温度　低 ▭ 高

※ 简介

●多须状气生根，单叶互生，倒卵形，革质，无毛。
●速生树种，耐贫瘠，极耐湿，喜微酸性土壤，耐火烧，抗风力强，寿命长，耐修剪，移植易存活，扦插或播种繁殖。
●对粉尘、酸雨、氟化物等空气污染物抗性极强，有滞尘减噪之功效。丛生气生根下垂如须，逐渐生长及地，可独树成林。
●热带及亚热带树种，产中国华南地区、印度东南亚各国至奥大利亚，被评为福建省省树，也被福州、赣州、柳州等地选为市树。

垂叶榕（垂榕、吊丝榕）

Ficus benjamina

桑科 榕属

※ 树形及树高

应用

成树

※ 功能及应用

吸收甲醛、二甲苯、氨气

●道路、公园及公共绿地、建筑环境（含住区）、风景区、林地、工厂、医院、学校、海滨

●篱植、列植、孤植、丛植、群植

※ 观赏时期

月	1	2	3	4	5	6	7	8	9	10	11	12
花												
叶												
实												

※ 区域生长环境

光照   阴 [   ] 阳

水分   干 [   ] 湿

温度   低 [   ] 高

※ 简介

●无气生根，干皮灰色，光滑或有瘤。枝常下垂。单叶互生，长椭圆形，革质而光亮。隐花果近球形，成对腋生，鲜红色。

●耐贫瘠，能减少噪声，抗污染，抗风。

●速生树种，扦插、播种或高压繁殖。

●小枝、叶子微垂，摇曳生姿，因此得名"垂叶榕"。

●热带及亚热带树种，产广东、海南、广西、云南、贵州。

杨梅

Myrica rubra

杨梅科　杨梅属

※ 树形及树高

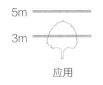
应用

成树

※ 功能及应用

吸收二氧化硫

●公园及公共绿地、风景区、庭园、道路、林地、建筑环境（含住区）、工矿区、医院、学校
●孤植、列植、对植、丛植、群植、片植

※ 观赏时期

月	1	2	3	4	5	6	7	8	9	10	11	12
花												
叶												
实												

※ 区域生长环境

光照　阴 ▭ 阳
水分　干 ▭ 湿
温度　低 ▭ 高

※ 简介

●单叶互生，倒披针形。核果球形，深红色。
●喜酸性土壤，不耐烈日直射，不耐寒，耐干旱瘠薄，深根性，萌芽力强，对二氧化硫、氯气等有害气体抗性较强。
●速生树种，播种或扦插繁殖。
●有较强固氮释氧功效，诱蜂鸟。
●果味酸甜，是南方重要水果。
●亚热带、温带树种，产江苏、浙江、台湾、福建、江西、湖南、贵州、四川、云南、广西和广东。

木麻黄
Casuarina equisetifolia
木麻黄科　木麻黄属

※ 树形及树高

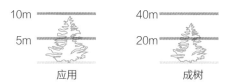

10m		40m	
5m		20m	
应用		成树	

※ 功能及应用

●公园及公共绿地、风景区、道路、海滨、林地
●丛植、群植、片植

※ 观赏时期

月	1	2	3	4	5	6	7	8	9	10	11	12
花												
叶												
实												

※ 区域生长环境

光照	阴		阳
水分	干		湿
温度	低		高

※ 简介

●常绿乔木，小枝绿色，细长下垂。雄花序棒状圆柱形，雌花序常顶生于枝顶的侧生短枝上。球果状，小坚果上部有翅。
●耐盐碱，耐潮湿，抗风。
●速生树种，萌发能力强，根系发达。
●热带树种，原产澳大利亚和太平洋岛屿，现广西、广东、福建、台湾沿海地区普遍栽植，已渐驯化，为热带海岸防风固沙的优良树种。

大花五桠果（大花第伦桃）

Dillenia turbinata

五桠果科 五桠果属

※ 树形及树高

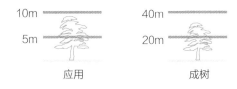

应用　　　　　　　　成树

※ 功能及应用

●公园及公共绿地、风景区、庭园、道路、林地、建筑环境（含住区）、工矿区、医院、学校、海滨
●列植、孤植、对植、丛植、片植

※ 观赏时期

月	1	2	3	4	5	6	7	8	9	10	11	12
花												
叶												
实												

※ 区域生长环境

光照　阴 ▭ 阳

水分　干 ▭ 湿

温度　低 ▭ 高

※ 简介

●单叶互生，大形，长椭圆形，背面有毛。花瓣黄色或淡红色。果近球形。
●喜深厚肥沃而排水良好的土壤。
●中生树种，萌芽力强，有一定抗风能力。
●树干通直，花大而美丽，为良好的观花观果植物。
●热带树种，产中国云南南部、广西南部及海南。

木荷
Schima superba
山茶科 木荷属

※ 树形及树高

应用

成树

※ 功能及应用

! 茎皮、根皮有毒

● 公园及公共绿地、风景区、海滨、工厂、林地
● 孤植、丛植、群植、片植

※ 观赏时期

月	1	2	3	4	5	6	7	8	9	10	11	12
花												
叶												
实												

※ 区域生长环境

光照　阴 [   ] 阳
水分　干 [   ] 湿
温度　低 [   ] 高

※ 简介

● 小枝幼时有毛，后变无毛。叶互生，长椭圆形，灰绿色，无毛。花白色形似荷花。蒴果木质，扁球形，种子周围有翅。
● 喜肥沃酸性土壤。
● 速生树种，深根性，萌芽力强。
● 有防火特性，木材坚硬耐朽，是重要用材树种。
● 亚热带树种，产长江以南地区，为中国珍贵的用材树种，又称"何木"，寓意"和睦"。

长芒杜英（尖叶杜英）

Elaeocarpus apiculatus

杜英科 杜英属

※ 树形及树高

应用　　　　　　　　成树

※ 功能及应用

●公园及公共绿地、风景区、庭园、道路、海滨、林地、建筑环境（含住区）、工矿区、医院、学校
●孤植、列植、对植、丛植、群植、片植

※ 观赏时期

月	1	2	3	4	5	6	7	8	9	10	11	12
花												
叶												
实												

※ 区域生长环境

光照　阴 ▭ 阳
水分　干 ▭ 湿
温度　低 ▭ 高

※ 简介

●大枝轮生，老树具板根。单叶互生，叶大，集生枝端，倒卵状长椭圆形，革质，有光泽。花白色，花瓣先端细碎流苏状生于枝端叶腋。核果长椭球形，绿色。
●稍耐干旱、耐半阴、略耐贫瘠。
●抗风力强，对烟尘、有毒有害气体抵御能力极强。
●速生树种，萌芽力强。
●热带树种，产中国云南、广东、海南，中南半岛及马来西亚。

苹婆（凤眼果）

Sterculia nobilis

梧桐科　苹婆属

※ 树形及树高

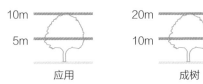

※ 功能及应用

● 公园及公共绿地、风景区、庭园、道路、海滨、林地、建筑环境（含住区）、工矿区、医院、学校

● 孤植、列植、对植、丛植、群植

※ 观赏时期

月	1	2	3	4	5	6	7	8	9	10	11	12
花												
叶												
实												

※ 区域生长环境

光照　阴 ▭ 阳

水分　干 ▭ 湿

温度　低 ▭ 高

※ 简介

● 叶对生，倒卵状长椭圆形，薄革质，无毛。果饺子形，密被短绒毛，熟时暗红色。

● 稍耐低温，喜偏酸性土壤，于酸性、中性或钙质土都能生长，较耐瘠薄。

● 速生树种，播种或扦插（易活）繁殖，具防风功能。

● 树冠宽阔，枝叶茂密，叶宽大油亮，庇荫效果好；花朵繁盛雅丽，形似皇冠。

● 热带及亚热带树种，产广东、广西、福建、云南和台湾地区。

假苹婆
Sterculia lanceolata
梧桐科　苹婆属

※ 树形及树高

应用

成树

※ 功能及应用

●公园及公共绿地、风景区、庭园、道路、海滨、林地、建筑环境（含住区）、工矿区、医院、学校
●孤植、列植、对植 、丛植 、群植

※ 观赏时期

月	1	2	3	4	5	6	7	8	9	10	11	12
花												
叶												
实												

※ 区域生长环境

光照　阴 ▭ 阳
水分　干 ▭ 湿
温度　低 ▭ 高

※ 简介

●叶互生，长椭圆形。花萼淡红色，蓇葖果鲜红色。密被毛，种子黑亮色。
●不耐干旱，宜酸性、中性或钙质土，抗风力强。
●中生树种，播种或扦插（易活）繁殖。
●热带及亚热带树种，产广东、广西、云南、贵州和四川南部。

异叶翅子树（翻白叶树）
Pterospermum heterophyllum
梧桐科　翅子树属

※ 树形及树高

应用　　　　　　　成树

※ 功能及应用

● 公园及公共绿地、风景区、道路、林地、建筑环境（含住区）、工矿区、医院、学校
● 孤植、列植、丛植、群植

※ 观赏时期

月	1	2	3	4	5	6	7	8	9	10	11	12
花												
叶												
实												

※ 区域生长环境

光照　阴 ▭ 阳
水分　干 ▭ 湿
温度　低 ▭ 高

※ 简介

● 单叶互生，二型，幼树及萌条叶掌状裂，长成树叶长圆形，背面发白密被黄褐色短绒毛。花绿白色，有香气。蒴果木质，椭球形，种子顶端具长翅。
● 喜深厚、肥沃、湿润的酸性土壤，耐干旱瘠薄。
● 速生树种，萌芽性强。
● 具滞尘减噪功效。
● 热带及亚热带树种，产华南地区。

长柄银叶树
Heritiera angustata
梧桐科　银叶树属

※ 树形及树高

应用

成树

※ 功能及应用

● 公园及公共绿地、风景区、道路、海滨、林地、建筑环境（含住区）、工矿区、医院、学校、湿地、滨水
● 孤植、列植、丛植、群植、片植

※ 观赏时期

月	1	2	3	4	5	6	7	8	9	10	11	12
花												
叶												
实												

※ 区域生长环境

光照　阴 ▭ 阳
水分　干 ▭ 湿
温度　低 ▭ 高

※ 简介

● 大树有板根，叶互生，长椭圆形，背面密被银白色鳞比，革质，叶柄较银叶树长，2～9cm。核果木质，长隋球形，顶端有翅。
● 耐盐碱，不耐寒。
● 中生树种，花萼粉红色，盛花时铺天盖地的粉红装饰整个枝条。
● 热带海岸红树林树种之一，对护岸防风、净化水体、减少赤潮、生物多样性保护及科研方面有着陆地森林不可替代的作用。
● 热带树种，产海南及云南南部。

红花天料木（母生）
Homalium hainanense
大风子科　天料木属

※ 树形及树高

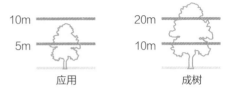

10m	20m
5m	10m
应用	成树

※ 功能及应用

●公园及公共绿地、风景区、庭园、道路、海滨、林地、建筑环境（含住区）、工矿区、医院、学校
●孤植、对植、列植、丛植、群植

※ 观赏时期

月	1	2	3	4	5	6	7	8	9	10	11	12
花												
叶												
实												

※ 区域生长环境

光照　阴 ☐☐☐☐☐☐☐ 阳
水分　干 ☐☐☐☐☐☐☐ 湿
温度　低 ☐☐☐☐☐☐☐ 高

※ 简介

●叶互生，椭圆形，薄革质，无毛。花粉红色。
●速生树种，材质好，萌芽性强，故有"母生"之称。
●耐旱，有防风特性。
●热带及亚热带树种，产华南各地，是海南岛珍贵的用材树种。

人心果
Manilkara zapota
山榄科　铁线子属

※ 树形及树高

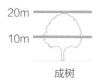

应用　　　　　成树

※ 功能及应用

● 公园及公共绿地、风景区、庭园、林地、建筑环境（含住区）、工矿区、医院、学校、屋顶绿化
● 孤植、对植、列植、丛植、群植

※ 观赏时期

月	1	2	3	4	5	6	7	8	9	10	11	12
花												
叶												
实												

※ 区域生长环境

光照　阴 □□□□□□ 阳
水分　干 □□□□□□ 湿
温度　低 □□□□□□ 高

※ 简介

● 单叶互生，革质，卵状长椭圆形。浆果卵形，褐色。
● 耐旱，耐风，喜深厚肥沃的沙质土壤。
● 慢生树种，播种或嫁接繁殖。
● 树干流出的乳汁为制口香糖的原料。
● 人心果的果实长得很像人的心脏，所以被称做"人心果"，果可生食，味甜如柿，又称为"吴凤柿"，营养价值高。
● 热带树种，原产热带美洲，现广植于全球热带。

南洋楹

Albizia falcataria

含羞草科 合欢属

※ 树形及树高

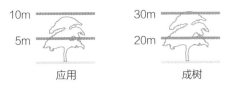

应用　　　　　成树

※ 功能及应用

●公园及公共绿地、风景区、道路、林地、湿地、滨水
●孤植、列植、丛植、群植

※ 观赏时期

月	1	2	3	4	5	6	7	8	9	10	11	12
花												
叶												
实												

※ 区域生长环境

光照　阴 [　　　　　　　] 阳
水分　干 [　　　　　　　] 湿
温度　低 [　　　　　　　] 高

※ 简介

●二回偶数羽状复叶互生，小叶菱状长圆形，两面被短毛。穗状花序，形似瓶刷。荚果带状，扁平。
●不耐阴，不耐干旱、寒冷，喜肥沃湿润黏土，耐瘠薄。
●速生树种，但寿命短，约25年生后即衰老，根系发达，萌芽力强。
●播种繁殖。
●树冠开阔如巨伞，美观大气。
●热带树种，原产马来西亚和印度尼西亚，现广植热带各地。

台湾相思（相思树）

Acacia confusa

含羞草科 金合欢属

※ 树形及树高

应用

成树

※ 功能及应用

公园及公共绿地、风景区、海滨、林地、滨水

列植、丛植、群植、片植

※ 观赏时期

月	1	2	3	4	5	6	7	8	9	10	11	12
花												
叶												
实												

※ 区域生长环境

光照　阴 [　　　　　　　　] 阳

水分　干 [　　　　　　　　] 湿

温度　低 [　　　　　　　　] 高

※ 简介

小枝无刺，幼苗具羽状复叶，后小叶退化，叶柄变为叶状，狭披针形。头状花序绒球形，黄色。荚果扁平，带状。

喜酸性土壤，耐干旱瘠薄，耐短期水浸，很不耐寒，抗海潮风能力极强。

速生树种，萌芽性强，深根性。对大气污染抗性弱，较为敏感。有根瘤，可固氮，有护岸固堤特性。

可用于荒山造林，是沿海地区防海潮风林、防海潮固沙林及薪炭林的重要树种之一。盛花期满树金黄。

热带树种，产台湾地区南部。

大叶相思（耳荚相思）

Acacia auriculiformis

含羞草科　金合欢属

※ 树形及树高

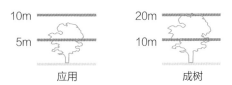

10m / 5m　应用　　20m / 10m　成树

※ 功能及应用

● 公园及公共绿地、风景区、林地、滨水
● 列植、丛植、群植、片植

※ 观赏时期

月	1	2	3	4	5	6	7	8	9	10	11	12
花												
叶												
实												

※ 区域生长环境

光照　阴 ▭ 阳
水分　干 ▭ 湿
温度　低 ▭ 高

※ 简介

● 小枝有棱，绿色，幼苗具羽状复叶，后退化成叶状柄镰状披针形。花橙黄色，芳香。荚果成熟时卷曲成环状。
● 适应性强，耐干旱瘠薄，怕霜冻。
● 速生树种，萌芽性强，浅根性，抗风力较弱。
● 有诱蝶、诱鸟的特性，能修复被重金属污染的土壤可作造林用材和护岸固堤树种。
● 盛花期满树金黄。
● 热带及亚热带树种，原产澳大利亚北部及新西兰。

马占相思

Acacia mangium

含羞草科 金合欢属

※ 树形及树高

10m
5m

应用

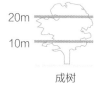

20m
10m

成树

※ 功能及应用

公园及公共绿地、风景区、海滨、林地

列植、丛植、群植、片植

※ 观赏时期

月	1	2	3	4	5	6	7	8	9	10	11	12
花												
叶												
实												

※ 区域生长环境

光照　阴 ▭ 阳

水分　干 ▭ 湿

温度　低 ▭ 高

※ 简介

● 小枝有棱角。二回羽状复叶，叶状柄很大，长倒卵形，革质。花淡黄色。荚果条形卷曲。

● 抗风、耐干旱，对土壤要求不严。

● 速生树种，萌芽力强。

● 有固氮特性。

● 热带及亚热带树种，原产澳大利亚、巴布亚新几内亚和印度尼西亚，中国海南、广东、广西、福建等省（区）有引种。

红花羊蹄甲（艳紫荆）

Bauhinia × blakeana

苏木科　羊蹄甲属

※ 树形及树高

应用　　　　　　　　　　成树

※ 功能及应用

● 公园及公共绿地、风景区、道路、林地、建筑环境（含住区）、工矿区、医院、学校、滨水

● 孤植、列植、丛植、群植、片植

※ 观赏时期

月	1	2	3	4	5	6	7	8	9	10	11	12
花	■	■	■	■							■	■
叶	■	■	■	■	■	■	■	■	■	■	■	■
实												

※ 区域生长环境

光照　阴 [　　　　　　　　] 阳

水分　干 [　　　　　　　　] 湿

温度　低 [　　　　　　　　] 高

※ 简介

● 树冠开展，树干常弯曲。单叶互生，叶大。花大，紫红色，有香气，几乎全年开花。

● 中生树种，不结种子，高压或嫁接繁殖。

● 1965 年被选定为香港市市花，俗称"紫荆花"，被《中华人民共和国香港特别行政区基本法》规定为区旗和区徽图案。

● 热带及亚热带树种，产于亚洲南部，世界各地广泛栽植。

铁刀木

Cassia siamea

苏木科　决明属

※ 树形及树高

应用

成树

※ 功能及应用

●公园及公共绿地、风景区、道路、林地、建筑环境
含住区）、工矿区、医院、学校
●孤植、列植、丛植、群植、片植

※ 观赏时期

月	1	2	3	4	5	6	7	8	9	10	11	12
花												
叶												
实												

※ 区域生长环境

光照　阴 ▭ 阳

水分　干 ▭ 湿

温度　低 ▭ 高

※ 简介

●二回羽状复叶互生，长椭圆形，表面暗绿色。花黄色。
荚果扁条形。
●耐干旱瘠薄，忌积水，萌芽性极强。
●速生树种，诱蝶及寄主植物。
●热带树种，广布于亚洲热带，中国华南及滇南地区栽
培历史悠久。

中国无忧花（无忧花）

Saraca dives

苏木科　无忧花属

※ 树形及树高

10m	20m
5m	10m
应用	成树

※ 功能及应用

● 公园及公共绿地、风景区、庭园、道路、林地、建筑环境（含住区）、工矿区、医院、学校、滨水
● 孤植、列植、对植、丛植、群植、片植

※ 观赏时期

月	1	2	3	4	5	6	7	8	9	10	11	12
花		▩	▩	▩	▩							
叶	▩	▩	▩	▩	▩	▩	▩	▩	▩	▩	▩	▩
实												

※ 区域生长环境

光照　阴 ▭▭▭▭▭ 阳
水分　干 ▭▭▭▭▭ 湿
温度　低 ▭▭▭▭▭ 高

※ 简介

● 偶数羽状复叶互生，小叶长椭圆形，新叶较软发红下垂，具观赏性，后变硬质。花冠橙黄，明亮艳丽，花序及花量大，盛花期似满树烈火。荚果长圆形，扁平或略肿胀。
● 中生树种，宜植于门前、屋隅、林缘、桥头、河畔等地。
● 可作大气污染监测指示树种。
● 热带树种，产亚洲热带地区，中国云南和广西有分布。

短萼仪花

Lysidice brevicalyx

苏木科 仪花属

※ 树形及树高

应用

成树

※ 功能及应用

● 公园及公共绿地、风景区、庭园、道路、海滨、林地、建筑环境（含住区）、工矿区、医院、学校

● 孤植、列植、群植、丛植

※ 观赏时期

月	1	2	3	4	5	6	7	8	9	10	11	12
花				■	■							
叶	■	■	■	■	■	■	■	■	■	■	■	■
实												

※ 区域生长环境

光照　阴 ▢▢▢▢▢ 阳

水分　干 ▢▢▢▢▢ 湿

温度　低 ▢▢▢▢▢ 高

※ 简介

● 偶数羽状复叶互生，小叶长椭圆形。花瓣紫色。荚果扁，长圆形。

● 叶色亮绿，春季开红白相间而丰盛花朵。

● 中生树种，抗风性强、耐火烧，对二氧化硫、氟化物及酸雨等大气污染物有一定的抗性。

● 木材质坚而重，为有价值的精木之一。

● 热带树种，产广东、广西和云南。

海南红豆

Ormosia pinnata

蝶形花科　花榈木属

※ 树形及树高

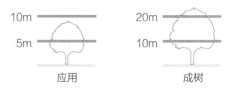

应用　　　　　　　　成树

※ 功能及应用

●公园及公共绿地、风景区、庭园、道路、林地、建筑环境（含住区）、工矿区、医院、学校、湿地、滨水
●孤植、列植、对植、丛植、群植、片植

※ 观赏时期

月	1	2	3	4	5	6	7	8	9	10	11	12
花												
叶												
实												

※ 区域生长环境

光照　阴 □□□□□□□□ 阳
水分　干 □□□□□□□□ 湿
温度　低 □□□□□□□□ 高

※ 简介

●羽状复叶互生，小叶披针形，薄革质，表面深绿色，有光泽，背面灰绿色，嫩叶红褐色。花黄白色略带粉红色。荚果念珠状，熟时橙黄色，种子鲜红色。
●耐寒、不耐干旱，喜酸性土壤，抗大气污染力强，还可作防火树种。
●中生树种，有防风、较强的增温增湿、固氮释氧的功效。
●热带、亚热带树种，产广东、海南、广西。

印度紫檀（紫檀）

Pterocarpus indicus

蝶形花科　紫檀属

※ 树形及树高

应用

成树

※ 功能及应用

● 公园及公共绿地、风景区、庭园、道路、海滨、林地、建筑环境（含住区）、工矿区、医院、学校
● 孤植、列植、对植、丛植、群植、片植

※ 观赏时期

月	1	2	3	4	5	6	7	8	9	10	11	12
花												
叶												
实												

※ 区域生长环境

光照　阴 ▭▭▭▭▭ 阳
水分　干 ▭▭▭▭▭ 湿
温度　低 ▭▭▭▭▭ 高

※ 简介

● 树冠开展，小枝长而下垂。羽状复叶互生，小叶互生，长卵圆形，两面无毛。花冠蝶形，黄色，有香味。荚果扁平，圆形，周围有宽翅。
● 耐干旱瘠薄，喜排水良好土壤。
● 速生树种，萌芽力强，易移植，根系发达，抗风能力强，抗污染。将木材剖开，会流出紫色的汁液。
● 花期短，素有"一日花"之称。
● 热带树种，主产印度至东南亚，中国华南及滇南地区也有分布。

水黄皮
Pongamia pinnata
蝶形花科 水黄皮属

※ 树形及树高

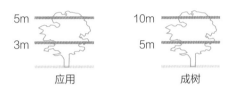

5m		10m	
3m		5m	
应用		成树	

※ 功能及应用

●公园及公共绿地、风景区、庭园、道路、海滨、林地、建筑环境（含住区）、工矿区、医院、学校、湿地、滨水
●孤植、列植、丛植、群植、片植

※ 观赏时期

月	1	2	3	4	5	6	7	8	9	10	11	12
花												
叶	████████████████████████████████
实												

※ 区域生长环境

光照　阴 ▭▭▭▭▭▭ 阳
水分　干 ▭▭▭▭▭▭ 湿
温度　低 ▭▭▭▭▭▭ 高

※ 简介

●羽状复叶互生，小叶卵状椭圆形，有香味。花紫、粉红或白色。荚果木质扁平。
●多在水边及海岸生长，不耐寒。
●中生树种，萌芽力强。
●有诱蝶、防风、耐盐碱、抗空气污染、护岸固堤特性。
●为良好的护堤、防风林树种。
●热带树种，产亚洲热带和大洋洲，中国台湾和华南有分布。

银桦

Grevillea robusta

山龙眼科 银桦属

※ 树形及树高

10m
5m
应用

20m
10m
成树

※ 功能及应用

● 公园及公共绿地、风景区、道路、林地、建筑环境（含住区）、工矿区、医院、学校
● 孤植、列植、丛植、群植、片植

※ 观赏时期

月	1	2	3	4	5	6	7	8	9	10	11	12
花			■	■	■							
叶	■	■	■	■	■	■	■	■	■	■	■	■
实												

※ 区域生长环境

光照 阴  阳
水分 干 湿
温度 低 高

※ 简介

● 小枝，芽及叶柄密被锈色绒毛，叶互生，二回羽状深裂，边缘反卷，背面密被银灰色丝毛。花橙黄色。蓇葖果。种子有翅。
● 不耐寒，不适应过分炎热气候，喜肥沃疏松的偏酸性土壤。
● 速生树种，抗有害气体、耐烟尘。
● 亚热带树种，原产于澳大利亚东部；中国西南和南部地区有栽培。

柠檬桉

Eucalyptus citriodora

桃金娘科　桉属

※ 树形及树高

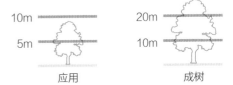

应用　　　　　　成树

※ 功能及应用

 抑菌

● 公园及公共绿地、风景区、道路、林地、建筑环境（含住区）、工矿区、医院、学校

● 孤植、列植、丛植、群植、片植

※ 观赏时期

月	1	2	3	4	5	6	7	8	9	10	11	12
花												
叶												
实												

※ 区域生长环境

光照　阴 ▭ 阳

水分　干 ▭ 湿

温度　低 ▭ 高

※ 简介

● 树皮平滑，通常灰白色，片状脱落后呈斑驳装。小枝及幼叶有强烈柠檬香味。叶互生，幼苗及萌芽枝叶卵状披针形，成熟叶狭披针形，背面发白，无毛。蒴果罐状。

● 速生树种，耐旱，能耐轻霜。

● 因年年脱皮而呈灰蓝、灰白色的树干，刚劲挺拔、直指云天，树姿优美，枝叶有浓郁柠檬香味。

● 热带及亚热带树种，原产地在澳大利亚东部及东北部无霜冻的海岸地带。

白千层（白树）
Melaleuca quinquenervia
桃金娘科　白千层属

※ 树形及树高

应用

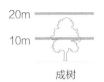
成树

※ 功能及应用

● 公园及公共绿地、风景区、湿地、滨水
● 孤植、列植、丛植、群植、片植

※ 观赏时期

月	1	2	3	4	5	6	7	8	9	10	11	12
花												
叶												
实												

※ 区域生长环境

光照　阴 ▭ 阳
水分　干 ▭ 湿
温度　低 ▭ 高

※ 简介

● 树皮灰白色，薄片状剥落，小枝下垂，单叶互生，披针形。花乳白色，一年多次开花，春秋较多。
● 适应性强，能耐干旱及水湿，播种繁殖。
● 速生树种，树皮易引起火灾，不宜于造林。
● 叶片具芳香，安神镇静。
● 亚热带树种，原产澳大利亚，中国广东、台湾、福建、广西等地均有栽种。

蒲桃（水蒲桃）
Syzygium jambos
桃金娘科 蒲桃属

※ 树形及树高

应用	成树

※ 功能及应用

🌿 吸收有毒气体

●公园及公共绿地、风景区、庭园、建筑环境（含住区）、工矿区、医院、学校、湿地、滨水
●孤植、列植、丛植、群植、片植

※ 观赏时期

月	1	2	3	4	5	6	7	8	9	10	11	12
花												
叶												
实												

※ 区域生长环境

光照	阴	阳
水分	干	湿
温度	低	高

※ 简介

●枝开展，树皮浅褐色，平滑。单叶对生，长椭圆状披针形，革质而有光泽。花绿白色。果球形，淡绿色。
●不耐旱，种植应选微酸性砂质土壤。
●速生树种，适应性强。
●有诱鸟、防风、护岸固堤特性。
●桃树冠丰满浓郁，花叶果均可观赏。
●热带树种，产华南至中印半岛，是东南亚原产的果树。

洋蒲桃（莲雾）

Syzygium samarangense

桃金娘科 蒲桃属

※ 树形及树高

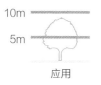

应用

成树

※ 功能及应用

 抑菌

● 公园及公共绿地、风景区、庭园、建筑环境（含住区）、工矿区、医院、学校、湿地、滨水

● 孤植、列植、丛植、群植、片植

※ 观赏时期

月	1	2	3	4	5	6	7	8	9	10	11	12
花												
叶												
实												

※ 区域生长环境

光照　阴 ▭ 阳

水分　干 ▭ 湿

温度　低 ▭ 高

※ 简介

● 单叶对生，椭圆状矩圆形，革质，无柄。花白色。浆果钟形或洋梨形，肉质，淡粉红色，光亮如蜡，有香味。
速生树种，适应性强，但不耐干旱，对土壤要求不严。

● 热带果树之一。

在中国台湾地区被誉为"水果皇帝"。

热带树种，原产马来西亚至印尼，中国华南和台湾有栽培。

海南蒲桃（乌墨）

Syzygium cumini

桃金娘科 蒲桃属

※ 树形及树高

应用

成树

※ 功能及应用

！ 浆果易造成地面污染

● 公园及公共绿地、风景区、海滨、林地、建筑环境（含住区）、工矿区、医院、学校

● 孤植、列植、丛植、群植、片植

※ 观赏时期

月	1	2	3	4	5	6	7	8	9	10	11	12
花												
叶												
实												

※ 区域生长环境

光照　阴 [　　　　　　　] 阳

水分　干 [　　　　　　　] 湿

温度　低 [　　　　　　　] 高

※ 简介

● 单叶对生，卵形。花白色。果卵球形，紫黑色。

● 速生树种，萌芽力强，不耐寒。

● 有诱鸟、耐火、防风特性，花浓香。

● 花期长，白花满树，花形美丽，挂果期长，果形美，果色鲜。

● 热带树种，产我国华南、西南地区至东南亚及澳大利亚。

水翁（水榕）
Cleistocalyx operculatus
桃金娘科　水翁属

※ 树形及树高

应用　　　　　　　成树

※ 功能及应用

 平喘、止咳、祛痰、消炎　　 抑菌

● 公园及公共绿地、风景区、道路、海滨、建筑环境
含住区）、工矿区、医院、学校、湿地、滨水
● 列植、丛植、群植、片植

※ 观赏时期

月	1	2	3	4	5	6	7	8	9	10	11	12
花												
叶												
实												

※ 区域生长环境

光照　阴 ▭ 阳
水分　干 ▭ 湿
温度　低 ▭ 高

※ 简介

● 单叶对生，卵形，花小。浆果近球形，熟时紫黑色。
● 不耐寒，不耐旱，对土壤要求不严，常生水旁，为固
堤树种之一。
● 速生树种，播种繁殖，扦插易活。
● 有防风、抗污染、固碳释氧、护岸固堤等特性。
● 枝叶茂密，绿荫效果好，是华南地区良好的水边园林
绿化及固堤树种。
● 热带树种，产亚洲南部和东南部至澳大利亚。

铁冬青（救必应）

Ilxe rotunda

冬青科 冬青属

※ 树形及树高

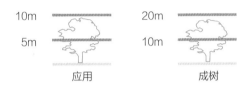

10m	20m
5m	10m
应用	成树

※ 功能及应用

● 公园及公共绿地、风景区、庭园、道路、林地、建筑
环境（含住区）、工矿区、医院、学校
● 列植、孤植、对植、群植、丛植、片植

※ 观赏时期

月	1	2	3	4	5	6	7	8	9	10	11	12
花												
叶												
实												

※ 区域生长环境

光照　阴 ▭ 阳

水分　干 ▭ 湿

温度　低 ▭ 高

※ 简介

● 小枝明显具棱，无毛，幼枝及叶柄均带黑紫色。单叶
互生，椭圆形。花小，白色。果椭圆形，红色。
● 耐半阴，耐瘠薄，不耐寒，抗大气污染，播种繁殖。
● 中生树种，有诱鸟、芳香、防火特性。
● 又名"万子千红树"，为秋冬优良观果植物。
● 热带及亚热带树种，产长江以南地区，日本、朝鲜和
越南北部也有分布。

石栗

Aleurites moluccana

大戟科 石栗属

※ 树形及树高

10m
5m
应用

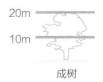
20m
10m
成树

※ 功能及应用

! 花粉有毒。落果易对行人、车辆造成伤害

● 公园及公共绿地、风景区、海滨、林地
● 列植、孤植、丛植、对植群植

※ 观赏时期

月	1	2	3	4	5	6	7	8	9	10	11	12
花												
叶												
实												

※ 区域生长环境

光照　阴 ▭ 阳
水分　干 ▭ 湿
温度　低 ▭ 高

※ 简介

● 幼枝、花序及叶均被浅褐色星状毛，单叶互生，卵形，表面有光泽。花小，白色。核果肉质，卵形。
　不耐寒，耐干旱，喜深厚及排水良好的酸性至中性土壤。
● 速生树种，适应能力强，深根性，寿命短。
● 有固碳释氧、防风特性。
● 热带树种，原产于马来西亚及夏威夷群岛，广泛植于热带各地。

蝴蝶果

Cleidiocarpon cavaleriei

大戟科　蝴蝶果属

※ 树形及树高

应用　　　　成树

※ 功能及应用

● 公园及公共绿地、风景区、道路、林地、建筑环境（含住区）、工矿区、医院、学校

● 列植、孤植、群植、丛植、片植

※ 观赏时期

月	1	2	3	4	5	6	7	8	9	10	11	12
花												
叶												
实												

※ 区域生长环境

光照　阴 ▭ 阳

水分　干 ▭ 湿

温度　低 ▭ 高

※ 简介

● 树皮灰色，光滑。单叶互生，长椭圆形。花淡黄色。核果斜卵形，淡黄色。

● 速生树种，抗病力强，抗风较差，耐寒。

● 因种子的子叶似蝴蝶而得名。

● 热带及亚热带树种，产广西南部、贵州南部、云南东南部，越南北部也有分布。

白楸
Mallotus paniculatus
大戟科 野桐属

※ 树形及树高

应用

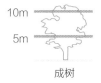

成树

3m / 1.5m

10m / 5m

※ 功能及应用

● 公园及公共绿地、风景区、林地
● 丛植、群植

※ 观赏时期

月	1	2	3	4	5	6	7	8	9	10	11	12
花												
叶												
实												

※ 区域生长环境

光照　阴 ▭▭▭▭▭▭ 阳

水分　干 ▭▭▭▭▭▭ 湿

温度　低 ▭▭▭▭▭▭ 高

※ 简介

● 树皮灰褐色，平滑。小枝被褐色星状绒毛。叶互生，阔形。硕果扁球形，被褐色星状绒毛。种子近球形，深褐色。
● 耐干旱瘠薄，对土壤适应性强。
● 慢生树种，花微具芳香，叶片诱虫。
● 叶面深绿色，背面白色，每当风吹过，叶片翻动，林海仿佛掀起滚滚白浪，白花细小而整齐。

　　热带及亚热带树种，产于云南、贵州、广西、广东、海南、福建和台湾地区，亚洲东南部各国也有分布。

秋枫

Bischofia javanica

大戟科 秋枫属

※ 树形及树高

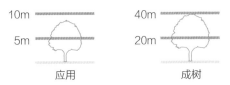

应用　　　　成树

※ 功能及应用

● 公园及公共绿地、风景区、道路、海滨、林地、建筑环境（含住区）、工矿区、医院、学校、湿地、滨水
● 列植、孤植、群植、丛植、片植

※ 观赏时期

月	1	2	3	4	5	6	7	8	9	10	11	12
花												
叶												
实												

※ 区域生长环境

光照　阴 [　　　　　　　] 阳
水分　干 [　　　　　　　] 湿
温度　低 [　　　　　　　] 高

※ 简介

● 树皮褐红色，光滑。三出复叶互生，小叶卵形。果球形，熟时蓝黑色。
● 耐水湿，不耐寒。
● 速生树种，根系发达。
● 防风、固碳释氧、降温增湿、诱鸟等特性。
● 秋叶红色，美丽如枫，故名。
● 为热带和亚热带常绿季雨林中的主要树种。
● 热带及亚热带树种，产中国南部，越南、印度、日本、澳大利亚也有分布。

龙眼（桂圆）

Dimocarpus longan

无患子科　龙眼属

※ 树形及树高

应用　　　　　　成树

※ 功能及应用

 醒脑、消除疲劳

●公园及公共绿地、风景区、道路、庭园、建筑环境（含住区）、工矿区、学校、林地

●列植、孤植、群植、丛植、片植

※ 观赏时期

月	1	2	3	4	5	6	7	8	9	10	11	12
花												
叶												
实												

※ 区域生长环境

光照　阴 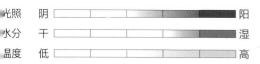 阳

水分　干　　　　　　　　　　　　　湿

温度　低　　　　　　　　　　　　　高

※ 简介

●树皮粗糙，薄片状剥落。幼枝及花序被星状毛。偶数复叶羽状互生，小叶常卵圆状披针形。花小。果球形。种子黑褐色。

●稍耐阴，播种或高压、嫁接繁殖。

●速生树种，深根性，具板根。

●热带及亚热带树种，原产中国南部，亚洲南部和东南部也有栽培。是华南地区重要的果树。

荔枝
Litchi chinensis
无患子科 荔枝属

※ 树形及树高

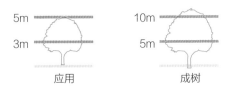

5m 3m   应用   10m 5m   成树

※ 功能及应用

●公园及公共绿地、风景区、建筑环境（含住区）、工矿区、学校、林地
●群植、丛植、片植

※ 观赏时期

月	1	2	3	4	5	6	7	8	9	10	11	12
花												
叶	■	■	■	■	■	■	■	■	■	■	■	■
实				■	■	■						

※ 区域生长环境

光照 阴 ▢▢▢▢▢ 阳
水分 干 ▢▢▢▢▢ 湿
温度 低 ▢▢▢▢▢ 高

※ 简介

●树皮灰褐色，偶数羽状复叶出生。小叶长卵圆状披针形。花小。果球形。外皮有凸起小瘤体。种子红褐色，具肉质白色假种皮。
●喜富含腐殖质深厚酸性土壤，寿命长，播种或嫁接繁殖。
●中生树种，有诱蝶、防风、较强降温增湿特性。
●亚热带树种，产华南地区，亚洲东南部有栽培。为亚热带果树，也是蜜源植物。

乌榄

Canarium pimela

橄榄科　橄榄属

※ 树形及树高

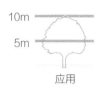

10m

5m

应用

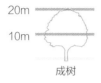

20m

10m

成树

※ 功能及应用

- 公园及公共绿地、风景区、林地、建筑环境（含住区）、工矿区、医院、学校
- 列植、孤植、群植

※ 观赏时期

月	1	2	3	4	5	6	7	8	9	10	11	12
花												
叶												
实												

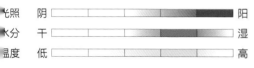

※ 区域生长环境

光照　阴 ▭ 阳

水分　干 ▭ 湿

温度　低 ▭ 高

※ 简介

- 羽状复叶互生，小叶背面平滑。花白色，芳香，花瓣长为花萼 3 倍。核果卵形，熟时紫黑色。
- 速生树种，喜光，稍耐阴，耐短期霜冻，耐干旱。
- 热带及亚热带树种，产华南及云南南部，越南、老挝、柬埔寨也有分布。

杧果（芒果）
Mangifera indica
漆树科 杧果属

※ 树形及树高

应用

成树

※ 功能及应用

 止咳、祛痰、消炎　　 吸收大气污染

●公园及公共绿地、风景区、道路、海滨、林地、建筑
环境（含住区）、工矿区、医院、学校
●列植、孤植、群植、丛植、片植

※ 观赏时期

月	1	2	3	4	5	6	7	8	9	10	11	12
花												
叶												
实												

※ 区域生长环境

光照　阴 ▭ 阳
水分　干 ▭ 湿
温度　低 ▭ 高

※ 简介

●小枝绿色，单叶互生。长椭圆状披针形，革质。花小，
核果长卵形。
●抗风、抗污染力强，播种、高压或嫁接繁殖。
●速生树种，花、叶、果实皆具观赏性，品种很多，具
"热带水果之王"美称。
●热带树种，原产印度、马来西亚，华南有栽培。

扁桃（桃形杧果）

Mangifera persiciforma

漆树科　杧果属

※ 树形及树高

应用

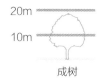

成树

※ 功能及应用

● 公园及公共绿地、风景区、道路、海滨、林地、建筑环境（含住区）、工矿区、医院、学校
● 列植、孤植、群植、丛植、片植

※ 观赏时期

月	1	2	3	4	5	6	7	8	9	10	11	12
花												
叶	▬	▬	▬	▬	▬	▬	▬	▬	▬	▬	▬	▬
实				▬	▬	▬	▬					

※ 区域生长环境

光照　阴 ▭▭▭▭▭ 阳

水分　干 ▭▭▭▭▭ 湿

温度　低 ▭▭▭▭▭ 高

※ 简介

● 老树皮干不规则纵裂，叶互生，狭披针形。核果桃形，肖扁，核扁。
● 不耐严寒，抗风，抗大气污染。
● 速生树种，主根长，侧根小，大苗较难移植，需带土球。
● 木材坚硬，浅红色，磨光性好，可制作小家具，扁桃仁可作糖果、制药和化妆品工业的有价值原料。
● 亚热带树种，产广西、贵州和云南，两广常见栽培。

人面子
Draecontomelon duperreanum
漆树科　人面子属

※ 树形及树高

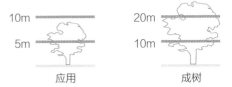

应用　　　　　成树

※ 功能及应用

● 公园及公共绿地、风景区、道路、建筑环境（含住区）、工矿区、医院、学校
● 列植、对植、孤植、群植、丛植、片植

※ 观赏时期

月	1	2	3	4	5	6	7	8	9	10	11	12
花												
叶												
实												

※ 区域生长环境

光照　阴 ▭▭▭▭▭▭ 阳
水分　干 ▭▭▭▭▭▭ 湿
温度　低 ▭▭▭▭▭▭ 高

※ 简介

● 具板根，羽状复叶互生，小叶长卵圆形。花小。核果扁球形，熟时黄色。
● 喜酸性土壤，适应性强，不耐寒。
● 速生树种、降温增湿、抗污染特性。
● 果供食用，可加工成蜜饯、果酱。
● 果核有大小5个孔，状如人面，故名"人面子"。
● 热带树种，产亚洲东南部，我国两广有分布。

麻楝
Chukrasia tabularis
楝科　麻楝属

※ 树形及树高

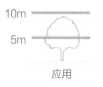

应用

成树

※ 功能及应用

 止咳、祛痰、消炎　　 抑菌

● 园及公共绿地、风景区、庭园、道路、林地、建筑环境（含住区）、工矿区、医院、学校
● 孤植、丛植

※ 观赏时期

月	1	2	3	4	5	6	7	8	9	10	11	12
花												
叶												
实												

※ 区域生长环境

光照　阴 ▭ 阳
水分　干 ▭ 湿
温度　低 ▭ 高

※ 简介

● 树干通直，树皮灰褐色，内皮红褐色。幼苗期叶，小叶卵状椭圆形，二至三回偶数羽状复叶互生，幼叶带紫红色。花有香气。硕果近球形。种子有翅。
● 喜湿润肥沃土壤，耐寒性差，对二氧化硫抗性较强。
● 速生树种，可做造林用材。
● 木材坚硬，为造建筑、船、家具等的良好用材。
● 有固氮释氧特性，挥发成分对人体呼吸系统有保健作用。
● 热带树种，产华南、云南和西藏东南部，印度、越南和马来西亚也有分布。

大叶桃花心木
Swietenia macrophylla
楝科 桃花心木属

※ 树形及树高

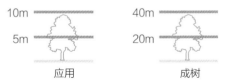

10m	40m
5m	20m
应用	成树

※ 功能及应用

● 公园及公共绿地、风景区、道路、林地、建筑环境（含住区）、工矿区、医院、学校
● 列植、孤植、丛植、群植、片植

※ 观赏时期

月	1	2	3	4	5	6	7	8	9	10	11	12
花												
叶												
实												

※ 区域生长环境

光照　阴 ▢▢▢▢▢ 阳
水分　干 ▢▢▢▢▢ 湿
温度　低 ▢▢▢▢▢ 高

※ 简介

● 树皮淡红褐色。偶数羽状复叶互生，披针形，革质而有光泽。花小，白色。蒴果木质，卵形。种子红褐色，顶端有翅。
● 适生于肥沃深厚土壤，不耐霜冻。
● 中生树种，播种繁殖。
● 因木材呈现桃红色纹路，故名，为世界名材。
● 热带树种，原产热带美洲，中国华南及台湾地区有栽培。

桃花心木

Swietenia mahagoni

楝科　桃花心木属

※ 树形及树高

应用

成树

※ 功能及应用

● 公园及公共绿地、风景区、道路、林地、建筑环境（含住区）、工矿区、医院、学校
● 列植、孤植、丛植、群植、片植

※ 观赏时期

月	1	2	3	4	5	6	7	8	9	10	11	12
花												
叶												
实												

※ 区域生长环境

光照　阴 ▭ 阳

水分　干 ▭ 湿

温度　低 ▭ 高

※ 简介

羽状复叶，小叶卵状椭圆形。蒴果卵形，种子有翅。
速生树种，较耐旱，喜深厚肥沃排水良好的土壤。
热带树种，原产中美及西印度群岛。

非洲楝（非洲桃花心木、塞楝）

Khaya senegalensis

楝科 非洲楝属

※ 树形及树高

应用　　　　　　　成树

※ 功能及应用

● 公园及公共绿地、风景区、道路、林地、海滨、建筑
环境（含住区）、工矿区、医院、学校
● 列植、孤植、丛植、群植、片植

※ 观赏时期

月	1	2	3	4	5	6	7	8	9	10	11	12
花												
叶												
实												

※ 区域生长环境

光照　阴 ▢▢▢▢▢▢▢▢ 阳

水分　干 ▢▢▢▢▢▢▢▢ 湿

温度　低 ▢▢▢▢▢▢▢▢ 高

※ 简介

● 偶数羽状复叶互生，小叶长椭圆形，两面有光泽。花
小，黄白色。蒴果木质，球形。种子扁平，周围有薄翅
● 喜温暖至高温，不耐寒，喜深厚肥沃土壤，耐干旱。
● 速生树种，萌芽力强，移栽易活。
● 有防风、抗污染特性。
● 枝叶茂密，绿荫效果好。
● 热带珍贵用材树种，原产热带非洲及马达加斯加岛
东南亚各国广泛引种。

澳洲鹅掌柴（澳洲鸭脚木、大叶鹅掌柴）

Schefflera actinophylla

五加科　鹅掌柴属

※ 树形及树高

5m / 3m
应用

10m / 5m
成树

※ 功能及应用

吸收有害物质

● 公园及公共绿地、风景区、庭园、道路、海滨、林地、
建筑环境（含住区）、工矿区、医院、学校、屋顶绿化
列植、孤植、丛植、群植、片植

※ 观赏时期

月	1	2	3	4	5	6	7	8	9	10	11	12
花						■	■	■				
叶	■	■	■	■	■	■	■	■	■	■	■	■
实												

※ 区域生长环境

光照　阴 ▭ 阳
水分　干 ▭ 湿
温度　低 ▭ 高

※ 简介

掌状复叶互生，小叶长椭圆形，有光泽。花小，红色。
果近球形，紫红色。
● 不耐寒，最低温在 12℃ 以上，有防风特性。
● 速生树种，顶生优势明显，可截顶促进侧枝生花。
热带树种，原产大洋洲昆士兰、新几内亚及印尼爪哇。

幌伞枫

Heteropanax fragrans

五加科　幌伞枫属

※ 树形及树高

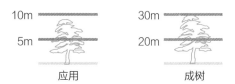

应用　　　　　　　成树

※ 功能及应用

●公园及公共绿地、风景区、庭园、道路、海滨、建筑环境（含住区）、工矿区、医院、学校
●列植、孤植、对植、丛植、群植

※ 观赏时期

月	1	2	3	4	5	6	7	8	9	10	11	12
花												
叶												
实												

※ 区域生长环境

光照　阴 ☐☐☐☐☐☐☐ 阳
水分　干 ☐☐☐☐☐☐☐ 湿
温度　低 ☐☐☐☐☐☐☐ 高

※ 简介

●三回羽状复叶互生，小叶椭圆形，两面无毛。花小而黄色。果扁形。种子扁平。
●喜光，耐半阴，不耐寒，有防风特性。
●中生树种，树冠圆整，行如罗伞，羽叶巨大、奇特。
●热带树种，产云南、广西、海南、广东；印度、孟加拉和印度尼西亚也有分布。

糖胶树（盆架子、黑板树）
Alstonia scholaris
夹竹桃科　鸡骨常山属

※ 树形及树高

10m
5m
应用

20m
10m
成树

※ 功能及应用

! 树皮和叶有毒

公园及公共绿地、风景区、道路、林地
列植、孤植、对植、丛植、群植

※ 观赏时期

月	1	2	3	4	5	6	7	8	9	10	11	12
花												
叶												
实												

※ 区域生长环境

光照　阴 ▭ 阳
水分　干 ▭ 湿
温度　低 ▭ 高

※ 简介

叶轮生，小叶倒卵状长椭圆形。花白色，花香浓烈、刺鼻，高脚碟状。蓇葖果红色。

喜排水良好的土壤，抗大气污染。

中生树种，树形整齐，层叠开展，故名'盆架子'，'灯架子'。

全株乳汁丰富，可提取口香糖原料，故名"糖胶树"，木质为黑板材料，故称"黑板树"。

热带树种，产亚洲热带至大洋洲，华南有分布。

猫尾木（毛叶猫尾木）

Markhamia cauda-felina

紫葳科 猫尾木属

※ 树形及树高

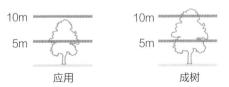

应用   成树

※ 功能及应用

● 公园及公共绿地、风景区、道路、林地、建筑环境
（含住区）、工矿区、医院、学校
● 列植、孤植、丛植、群植、片植

※ 观赏时期

月	1	2	3	4	5	6	7	8	9	10	11	12
花												
叶	■	■	■	■	■	■	■	■	■	■	■	■
实		■	■	■	■	■						

※ 区域生长环境

光照 阴 [_____] 阳
水分 干 [_____] 湿
温度 低 [_____] 高

※ 简介

● 羽状复叶对生，小叶长椭圆形，两面密被平伏柔毛。
蒴果下垂，密被绒毛，状如猫尾。种子两边有翅。
● 喜深厚肥沃而排水良好的土壤。
● 速生树种。
● 花大美丽，果似猫尾，具观果价值，是优良的观赏
植物。
● 热带树种，产广东和云南南部。

火焰树（火焰木）

Spathodea campanulata

紫葳科 火焰树属

※ 树形及树高

应用

成树

※ 功能及应用

● 公园及公共绿地、风景区、庭园、道路、林地、建筑
环境（含住区）、工矿区、医院、学校、湿地、滨水
● 列植、孤植、对植、丛植、群植、片植

※ 观赏时期

月	1	2	3	4	5	6	7	8	9	10	11	12
花												
叶												
实												

※ 区域生长环境

光照　阴 [_____] 阳
水分　干 [_____] 湿
温度　低 [_____] 高

※ 简介

● 羽状复叶对生，小叶卵状长椭圆形，背面有柔毛。花
弯佛焰苞状，革质，猩红至橙红色。蒴果长椭球形，黑
褐色。
● 喜排水良好的土壤，很不耐寒，移栽易活。
● 速生树种，不耐风、风大枝条易折断，耐旱、耐湿、
耐贫瘠，需较高温度才开花。
● 有护岸固堤特性。
● 热带树种，原产热带非洲，是加蓬的国花，中国华南、
台湾和云南有栽培。

吊灯树（吊瓜树、羽叶垂花树）
Kigelia africana
紫葳科 吊灯树属

※ 树形及树高

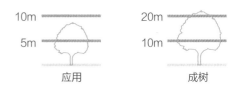

10m　5m　应用　　　20m　10m　成树

※ 功能及应用

- 公园及公共绿地、风景区、道路、林地
- 列植、孤植、丛植、群植、片植

※ 观赏时期

月	1	2	3	4	5	6	7	8	9	10	11	12
花				■	■							
叶	■	■	■	■	■	■	■	■	■	■	■	■
实									■	■		

※ 区域生长环境

光照　阴 ▭ 阳
水分　干 ▭ 湿
温度　低 ▭ 高

※ 简介

- 羽状复叶对生或轮生，小叶椭圆状长圆形。花紫红□褐红色。果圆柱状长椭球形，灰绿色，有细长果柄，开似吊瓜。花晚间开放，有异味。
- 喜富含腐殖质排水良好的土壤，很不耐寒。
- 速生树种，果形似吊瓜，新奇特别。
- 具宽阔的圆伞形树冠，有良好的绿荫效果。
- 热带树种，原产西非热带，华南有栽培。

菜豆树（幸福树）
Radermachera sinica

紫葳科 菜豆树属

※ 树形及树高

5m
3m

应用

10m
5m

成树

※ 功能及应用

● 公园及公共绿地、风景区、庭园、道路、建筑环境（含住区）、工矿区、医院、学校
● 列植、孤植、对植、丛植、群植、片植

※ 观赏时期

月	1	2	3	4	5	6	7	8	9	10	11	12
花												
叶												
实												

※ 区域生长环境

光照　阴 ▭ 阳
水分　干 ▭ 湿
温度　低 ▭ 高

※ 简介

● 树皮深纵裂，二至三回羽状复叶对生，小叶卵形。花扁斗状，黄白色。蒴果细长。
● 不耐阴，稍耐寒，喜肥沃湿润排水良好土壤，萌芽能力强。
● 速生树种，喜生于石灰岩山地，在酸性红壤土上生长良好。
● 热带树种，产东南亚热带，我国两广及云南有分布。

海南菜豆树
Radermachera hainanensis
紫葳科 菜豆树属

※ 树形及树高

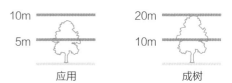

应用　　　　　　成树

※ 功能及应用

●公园及公共绿地、风景区、庭园、道路、海滨、建筑环境（含住区）、工矿区、医院、学校、湿地、滨水
●列植、孤植、对植、丛植、群植、片植

※ 观赏时期

月	1	2	3	4	5	6	7	8	9	10	11	12
花												
叶												
实												

※ 区域生长环境

光照　阴 ▭ 阳
水分　干 ▭ 湿
温度　低 ▭ 高

※ 简介

●一至二回羽状复叶对生，小叶卵形。花淡黄至淡黄绿色。蒴果，长条形。
●喜肥沃湿润排水良好的土壤，较耐干旱瘠薄土壤。
●速生树种，深根性，具有极强的萌芽再生能力。
●有芳香、防风特性。
●叶翠花黄，果实细长似菜豆，颇具观赏价值。
●热带树种，产广东、广西、海南及云南。

枫香
Liquidambar formosana
金缕梅科　枫香属

※ 树形及树高

10m	30m
5m	20m
应用	成树

※ 功能及应用

 平喘

公园及公共绿地、风景区、庭园、道路、林地、建筑环境（含住区）、工矿区、医院、学校

列植、孤植、对植、丛植、群植、片植

※ 观赏时期

月	1	2	3	4	5	6	7	8	9	10	11	12
花												
叶												
实												

※ 区域生长环境

光照　阴 ▭ 阳
水分　干 ▭ 湿
温度　低 ▭ 高

※ 简介

● 树干上有眼状枝痕。单叶互生，掌状三裂。蒴果集成球形果序。

● 喜温暖至冷凉，耐干旱瘠薄，抗风，喜深厚肥沃排水良好的酸性沙质土壤。

● 速生树种，萌芽性强，播种或扦插繁殖。

● 有固氮释氧特性，对人体呼吸系统有挥发保健成分。

● 秋叶红色，鲜艳美丽，是南方著名秋色叶树种。

● 亚热带树种，产中国秦岭及淮河以南各省。

朴树
Celtis sinensis
榆科　朴属

※ 树形及树高

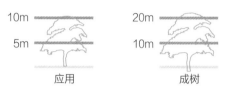

应用　　　　成树

※ 功能及应用

●公园及公共绿地、风景区、道路、海滨、林地、建筑环境（含住区）、工矿区、医院、学校、河畔
●列植、孤植、对植、丛植、群植、片植

※ 观赏时期

月	1	2	3	4	5	6	7	8	9	10	11	12
花												
叶												
实												

※ 区域生长环境

光照　阴 ☐ 阳
水分　干 ☐ 湿
温度　低 ☐ 高

※ 简介

●小枝幼时有毛。单叶互生，卵形，表面有光泽。果黄色，果柄与叶柄近等长。
●耐干旱瘠薄，抗大气污染，对土壤要求不严，耐轻度碱土。
●慢生树种，寿命长深根性，抗风能力强，抗烟尘及有毒气体。
●枝叶茂密，冠大荫浓，树形美观，树皮光滑，秋色叶金黄
●暖温带至亚热带树种，分布于淮河流域、秦岭以南至华南各省区。

黄葛树（黄葛榕、黄桷树、大叶榕）
Ficus virens var. sublanceolata
桑科　榕属

※ 树形及树高

10m
5m
应用

20m
10m
成树

※ 功能及应用

> **!** 落果易污染地面。破坏硬质结构

公园及公共绿地、风景区、海滨、林地、滨水
● 列植、孤植、丛植

※ 观赏时期

月	1	2	3	4	5	6	7	8	9	10	11	12
花												
叶			▬	▬	▬	▬	▬	▬	▬	▬	▬	
实												

※ 区域生长环境

光照　阴 [　　　　　　　　] 阳
水分　干 [　　　　　　　　] 湿
温度　低 [　　　　　　　　] 高

※ 简介

● 干皮银灰色，老树常有支柱根。单叶，卵状长椭圆形。隐花果球形，无梗。
● 速生树种，萌发力强，易栽植，具有顽强的生命力，根深杆壮，寿命长，扦插或播种繁殖。
● 有诱鸟、防风、抗污染、固碳释氧特性。
● 新叶展放后鲜红色的托叶纷纷落地，甚为美观。
● 亚热带树种，产华南及西南地区，是重庆，达州、遂宁等地的市树。

木棉（攀枝花）
Bombax malabaricum
木棉科 木棉属

※ 树形及树高

10m		20m	
5m		10m	
应用		成树	

※ 功能及应用

> **!**   有刺，有飞絮，落花污染地面

● 公园及公共绿地、风景区、海滨、道路、林地、建筑
环境（含住区）、工矿区

● 列植、孤植、对植、丛植、群植

※ 观赏时期

月	1	2	3	4	5	6	7	8	9	10	11	12
花		▬	▬									
叶		▬	▬	▬	▬	▬	▬	▬	▬	▬	▬	▬
实												

※ 区域生长环境

光照	阴	▭▭▭▭▭▭▭▭	阳
水分	干	▭▭▭▭▭▭▭▭	湿
温度	低	▭▭▭▭▭▭▭▭	高

※ 简介

● 枝干均具粗短的圆锥形大刺。掌状复叶互生，小叶t
椭圆形。花大，红色，叶前开放。蒴果大，木质。

● 速生树种，耐旱，深根性，有防风、显著降温增湿
固碳释氧特性。

● 花大红色而美，树姿巍峨，是美丽的观赏树。

● 移栽运输枝易折断。

● 热带及亚热带树种，广州市花，广州人以鲜艳似火的
红花比喻英雄奋发向上的精神，因此又被誉称为"英雄树"。

吉贝（爪哇木棉）
Ceiba pentandra
木棉科 吉贝属

※ 树形及树高

10m	20m
5m	10m
应用	成树

※ 功能及应用

! 有刺，有飞絮

公园及公共绿地、风景区、道路、林地、建筑环境（含住区）、工矿区

列植、孤植、对植、丛植、群植

※ 观赏时期

月	1	2	3	4	5	6	7	8	9	10	11	12
花												
叶												
实												

※ 区域生长环境

光照　阴 ▭ 阳

水分　干 ▭ 湿

温度　低 ▭ 高

※ 简介

● 干直而绿褐色，光滑无刺，常 6 枝轮生而平展。掌状复叶互生，小叶长圆状披针形。花淡红色或黄白色，密被白色长柔毛。蒴果椭球形。

● 喜肥沃土壤。

● 速生树种。

● 热带树种，原产热带美洲，现世界热带地区普遍种植。

美丽异木棉（美人树）

Ceiba speciosa

木棉科 吉贝属

※ 树形及树高

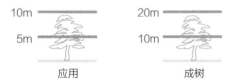

10m	20m
5m	10m
应用	成树

※ 功能及应用

！ 有刺，有飞絮

●公园及公共绿地、风景区、海滨、道路、林地、建筑环境（含住区）、工矿区

●列植、孤植、对植、丛植、群植

※ 观赏时期

月	1	2	3	4	5	6	7	8	9	10	11	12
花												
叶												
实												

※ 区域生长环境

光照	阴						阳
水分	干						湿
温度	低						高

※ 简介

●树干绿色，有瘤状刺。掌状复叶互生，小叶卵圆形花粉红或淡紫色。果长椭球形。

●强阳性树种，稍耐阴，不耐旱，忌积水，不耐寒，喜深厚、排水良好的沙质土壤。萌芽力强，移植成活率高根部庞大，有较强的抗风能力。

●速生树种，树干直立，树冠层呈伞形，成年树树干呈酒瓶状，冬季盛花期满树粉花，是优良的观花乔木。

●热带及亚热带树种，原产南美洲，在广东、福建、广西、海南、云南、四川等南方城市广泛栽培。

鱼木

Crateva formosensis

白花菜科　鱼木属

树形及树高

应用

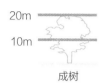

成树

功能及应用

! 树皮、果实有毒

园及公共绿地、风景区、道路、林地

列植、孤植、丛植、群植

观赏时期

月	1	2	3	4	5	6	7	8	9	10	11	12
花												
叶												
实												

区域生长环境

照　阴 ▭ 阳

分　干 ▭ 湿

度　低 ▭ 高

简介

枝具显著白点。三出复叶互生，小叶长卵形，花黄白。浆果球形，红色，具细长果柄。

有诱蝶特性，可作造林用材。

中生树种，花刚开时是白色的，几天后慢慢变成黄色，姿美丽，盛花时节犹如群蝶纷飞，适合观赏。

枝干质轻耐用，是古代钓鱼用作浮标最好的材料，所被取名鱼木。

热带及亚热带树种，产中国台湾、广东雷州半岛及广，日本也有分布。

山樱花
Prununs serrulata var. *spontanea*
蔷薇科 樱属

※ 树形及树高

5m	10m
3m	5m
应用	成树

※ 功能及应用

●公园及公共绿地、风景区、庭园、海滨、林地、建筑
环境（含住区）、工矿区、医院、学校、滨水
●列植、孤植、丛植、群植、片植

※ 观赏时期

月	1	2	3	4	5	6	7	8	9	10	11	12
花				▬	▬							
叶			▬	▬	▬	▬	▬	▬	▬	▬	▬	
实												

※ 区域生长环境

光照	阴	▯▯▯▯▯▯▯▯	阳
水分	干	▯▯▯▯▯▯▯▯	湿
温度	低	▯▯▯▯▯▯▯▯	高

※ 简介

●树皮暗栗褐色，光滑，小枝无毛。叶卵状椭圆形。花
单瓣而小，白色或浅粉红色。
●有一定耐寒及抗旱能力，对烟尘及有害气体抗性较弱
●中生树种。
●温带、亚热带树种，产中国、朝鲜及日本。

雨树（雨豆树）

Samanea saman

含羞草科 雨树属

※ 树形及树高

应用

成树

※ 功能及应用

- 公园及公共绿地、风景区、道路、林地、建筑环境（含住区）、工矿区、医院、学校、滨水
- 列植、孤植、丛植、群植

※ 观赏时期

月	1	2	3	4	5	6	7	8	9	10	11	12
花												
叶			▬	▬	▬	▬	▬	▬	▬	▬	▬	
实												

※ 区域生长环境

光照　阴 ▭ 阳
水分　干 ▭ 湿
温度　低 ▭ 高

※ 简介

- 干皮薄片状裂，叶大型，二回羽状复叶互生，小叶倒卵形，背面有柔毛。花粉红色。荚果扁平，长圆形。
- 喜肥沃湿润黏土，不耐干旱和寒冷。
- 速生树种，可作造林用材。
- 叶吐水现象明显，常有水珠滴落，故名"雨树"。
- 热带树种，原产热带美洲，世界热带地区广泛栽培。

海红豆（孔雀豆）

Adenanthera pavonina var. microsperma

含羞草科　海红豆属

※ 树形及树高

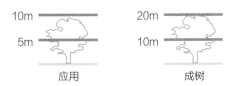

应用　　　　　　　　成树

※ 功能及应用

●公园及公共绿地、风景区、庭园、道路、海滨、林地、建筑环境（含住区）、工矿区、医院、学校、滨水
●列植、孤植、丛植、群植、片植

※ 观赏时期

月	1	2	3	4	5	6	7	8	9	10	11	12
花												
叶			▬	▬	▬	▬	▬	▬	▬	▬		
实							▬	▬	▬	▬		

※ 区域生长环境

光照　阴 [＿＿＿＿＿＿] 阳
水分　干 [＿＿＿＿＿＿] 湿
温度　低 [＿＿＿＿＿＿] 高

※ 简介

●二回羽状复叶互生，小叶卵形，两面微被柔毛。花小，黄白色。荚果带状，扭曲。种子红色。
●稍耐阴，喜深厚肥沃排水良好土壤，对土壤条件要求较严格，有耐盐碱特性，可作造林用材。
●中生树种，种子鲜红光亮，可作装饰品，喻为爱情、婚姻、平安等，但有毒性不可食。
●亚热带树种，产云南、贵州、广西、广东、福建和台湾地区。

羊紫荆（宫粉羊蹄甲）

Bauhinia variegata

苏木科　羊蹄甲属

※ 树形及树高

应用

成树

※ 功能及应用

● 公园及公共绿地、风景区、庭园、道路、海滨、林地、建筑环境（含住区）、工矿区、医院、学校、湿地、滨水

● 列植、孤植、丛植、群植、片植

※ 观赏时期

月	1	2	3	4	5	6	7	8	9	10	11	12
花												
叶												
实												

※ 区域生长环境

光照　阴 ▭ 阳

水分　干 ▭ 湿

温度　低 ▭ 高

※ 简介

● 落叶或半落叶乔木，单叶互生，广卵形，革质。花大，略有香味，粉红色或淡紫色。

● 要求排水良好的酸性土壤，病虫害少，耐干旱、瘠薄、抗风，萌芽力强，耐修剪。

● 速生树种，盛花时叶较少，满树粉花。

● 热带树种，产中国南部，印度、中南半岛有分布。

盾柱木（双翼豆）

Peltophorum pterocarpum

苏木科　盾柱木属

※ 树形及树高

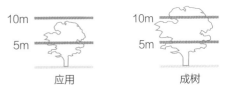

应用　　　　　成树

※ 功能及应用

●公园及公共绿地、风景区、庭园、道路、海滨、林地
建筑环境（含住区）、工矿区、医院、学校
●列植、孤植、丛植、群植、片植

※ 观赏时期

月	1	2	3	4	5	6	7	8	9	10	11	12
花												
叶												
实												

※ 区域生长环境

光照　阴 ▭ 阳

水分　干 ▭ 湿

温度　低 ▭ 高

※ 简介

●干皮灰色光滑，二回偶数羽状复叶互生，小叶长圆
背面被锈色绒毛。花黄色，芳香，荚果扁平。红褐色
两边有翅。
●喜沙质土壤，耐风，耐旱，不耐阴。
●速生树种，具有诱蝶的特性。
●树姿雄伟，树干通直，叶色青翠，花朵金黄，红果宿
存。
●热带树种，产热带亚洲、热带美洲及澳大利亚北部。
中国广州、海南、香港地区及台湾地区有栽培。

腊肠树（阿勃勒）

Cassia fistula

苏木科 决明属

※ 树形及树高

应用

成树

※ 功能及应用

● 公园及公共绿地、风景区、庭园、道路、林地、建筑环境（含住区）、工矿区、医院、学校、滨水
● 对植、列植、孤植、丛植、群植、片植

※ 观赏时期

月	1	2	3	4	5	6	7	8	9	10	11	12
花												
叶												
实												

※ 区域生长环境

光照　阴 ▭ 阳

水分　干 ▭ 湿

温度　低 ▭ 高

※ 简介

羽状复叶，小叶卵状椭圆形。花黄色。荚果柱形，状如腊肠。
不耐旱，不耐寒，播种或扦插繁殖。
木材坚重，耐朽力强。
速生树种，有诱蝶特性。
● 树皮含单宁，可做红色染料。
泰国的国花。
热带树种，原产印度缅甸等地，我国华南和台湾地区有栽培。

节果决明（粉花山扁豆）

Cassia nodosa

苏木科　决明属

※ 树形及树高

应用　　　　　　　　成树

※ 功能及应用

●公园及公共绿地、风景区、庭园、道路、林地、建筑
环境（含住区）、工矿区、医院、学校
●孤植、丛植、片植、群植、列植

※ 观赏时期

月	1	2	3	4	5	6	7	8	9	10	11	12
花					▬	▬						
叶		▬	▬	▬	▬	▬	▬	▬	▬	▬	▬	
实												

※ 区域生长环境

光照　阴 ▭▭▭▭▭ 阳
水分　干 ▭▭▭▭▭ 湿
温度　低 ▭▭▭▭▭ 高

※ 简介

●干皮较光滑，大致基部有棘状短枝。羽状复叶，小叶
长圆形，背面有毛。花由黄变粉红色。荚果圆柱状。
●速生树种，耐轻霜，喜深厚肥沃排水良好的酸性土壤
●热带亚热带树种，原产热带美洲。

凤凰木

Delonix regia

苏木科　凤凰木属

※ 树形及树高

应用

成树

※ 功能及应用

- 公园及公共绿地、风景区、庭园、道路、林地、建筑环境（含住区）、工矿区、医院、学校
- 孤植、对植、列植、丛植、片植、群植

※ 观赏时期

月	1	2	3	4	5	6	7	8	9	10	11	12
花						■	■					
叶			■	■	■	■	■	■	■	■		
实												

※ 区域生长环境

光照　阴 ▭ 阳

水分　干 ▭ 湿

温度　低 ▭ 高

※ 简介

- 二回偶数羽状复叶互生，小叶长椭圆形，两面有毛。花大，鲜红色。荚果带状。
- 很不耐寒，要求排水良好土壤。
- 速生树种，浅根性，根系发达。
- 有固氮、防风、抗污染特性。
- "叶如飞凰之羽，花若丹凤之冠"，故名凤凰木。
- 非洲马达加斯加的国树，汕头市和厦门市的市树。
- 热带及亚热带优美的观花树种，原产非洲马达加斯加。

刺桐（象牙红）

Erythrina variegata

蝶形花科　刺桐属

※ 树形及树高

应用

成树

※ 功能及应用

! 茎皮有毒

●公园及公共绿地、风景区、道路、海滨、林地、建筑环境（含住区）、工矿区、医院、学校
●孤植、列植、丛植、群植、片植

※ 观赏时期

月	1	2	3	4	5	6	7	8	9	10	11	12
花			■	■								
叶			■	■	■	■	■	■	■	■	■	
实								■				

※ 区域生长环境

光照	阴		阳
水分	干		湿
温度	低		高

※ 简介

●枝有皮刺，小枝粗壮。三出复叶互生。花鲜红色。荚果肿胀，种子暗红色。
●耐干旱瘠薄，不耐寒，抗风。
●速生树种，耐修剪，扦插、移植易活。
●枝叶扶疏，深红色的总状花序好似一串红色象牙，艳丽夺目。
●热带树种，原产亚洲热带，中国广州、桂林、贵阳、西双版纳、杭州和台湾地区等地有栽培。

大花紫薇(大叶紫薇）

Lagerstroemia speciosa

千屈菜科 紫薇属

※ 树形及树高

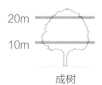

应用　　　　　成树

※ 功能及应用

● 公园及公共绿地、风景区、庭园、道路、林地、建筑
环境（含住区）、工矿区、医院、学校

● 孤植、列植、丛植、群植、片植

※ 观赏时期

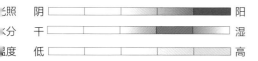

月	1	2	3	4	5	6	7	8	9	10	11	12
花												
叶												
实												

※ 区域生长环境

光照　阴 ▭ 阳

水分　干 ▭ 湿

湿度　低 ▭ 高

※ 简介

● 单叶对生，叶较大，落叶前常变色，花淡紫红色。

● 耐半阴，不耐寒，喜排水良好的肥沃土壤。

● 速生树种，木材坚硬耐朽，为优质用材。

● 热带树种，原产南亚至澳大利亚，华南有分布。

大叶榄仁(榄仁树)
Terminalia catappa
使君子科 榄仁树属

※ 树形及树高

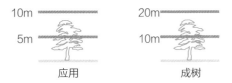

10m		20m	
5m		10m	
	应用		成树

※ 功能及应用

●公园及公共绿地、风景区、庭园、道路、海滨、林地、建筑环境(含住区)、工矿区、医院、学校、湿地、滨水
●孤植、对植、列植、丛植、群植

※ 观赏时期

月	1	2	3	4	5	6	7	8	9	10	11	12
花												
叶												
实												

※ 区域生长环境

光照	阴		阳
水分	干		湿
温度	低		高

※ 简介

●树冠分层较明显,叶互生,倒卵形。核果椭球形,绿色至红色。
●耐热,耐湿,耐瘠薄,有防风、抗污染、耐盐碱特性。
●速生树种,深根性。
●有明显的红叶和落叶变化,是沿海较为罕见的红叶植物之一。
●热带海滩树种,原产亚洲热带至澳大利亚北部。

可江榄仁
Terminalia arjuna
使君子科　榄仁树属

※ 树形及树高

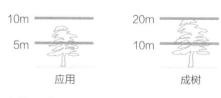

10m
5m
应用

20m
10m
成树

※ 功能及应用

公园及公共绿地、风景区、庭园、道路、海滨、林地、
建筑环境（含住区）、工矿区、医院、学校、湿地、滨水
● 孤植、对植、列植、丛植、群植

※ 观赏时期

月	1	2	3	4	5	6	7	8	9	10	11	12
花												
叶			▬	▬	▬	▬	▬	▬	▬	▬		
实												

※ 区域生长环境

光照　阴 ▭ 阳
水分　干 ▭ 湿
温度　低 ▭ 高

※ 简介

具板根，叶对生，长圆形。冬季落叶前不变红色。花
小、绿色或白色，果近球形，具5窄翅。
● 抗风、耐湿、耐半阴，喜疏松肥沃湿润的土壤。
速生树种，木材坚硬，可用于造船、建房。
热带树种，原产于印度及斯里兰卡。

莫氏榄仁

Terminalia muelleri

使君子科　榄仁树属

※ 树形及树高

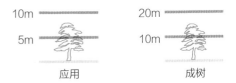

10m	20m
5m	10m
应用	成树

※ 功能及应用

●公园及公共绿地、风景区、庭园、道路、海滨、林地、建筑环境（含住区）、工矿区、医院、学校、湿地、滨水
●孤植、对植、列植、丛植、群植

※ 观赏时期

月	1	2	3	4	5	6	7	8	9	10	11	12
花												
叶												
实												

※ 区域生长环境

光照　阴 〔　　　　　　　　〕阳
水分　干 〔　　　　　　　　〕湿
温度　低 〔　　　　　　　　〕高

※ 简介

●树干通直，分枝斜展。叶革质，倒卵形，黄绿色，落叶前转红色，两面无毛。花小，白色带红。果卵球形，未熟时黄绿色，熟时暗紫红色。
●速生树种，耐热，耐水湿，抗风，耐盐碱，喜排水良好土壤，抗污染，寿命长。
●热带树种，间断分布于澳大利亚和美洲巴拿马，热带地区普遍栽培。

小叶榄仁（非洲榄仁）

Terminalia mantaly

使君子科 榄仁树属

※ 树形及树高

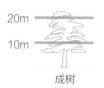

10m　　　　　20m

5m　　　　　10m

应用　　　　　成树

※ 功能及应用

● 公园及公共绿地、风景区、庭园、道路、海滨、林地、建筑环境（含住区）、工矿区、医院、学校、湿地、滨水

● 孤植、对植、列植、丛植、群植

※ 观赏时期

月	1	2	3	4	5	6	7	8	9	10	11	12
花												
叶	██		████████████████████████████									
实												

※ 区域生长环境

光照　阴 ▭▭▭▭▭ 阳

水分　干 ▭▭▭▭▭ 湿

温度　低 ▭▭▭▭▭ 高

※ 简介

● 侧枝近轮生。叶倒披针形，亮绿色。花极小，白色。

● 喜深厚肥沃排水良好土壤，有防风、抗污染、耐盐碱特性。

● 速生树种，寿命长，易移植。

● 树形通直，枝条层次分明，春叶嫩绿，冬季落叶前叶变红，是优良观形、观叶树种。

● 热带树种，原产热带非洲，热带地区多有栽培。

锦叶榄仁（银边榄仁、三色小叶榄仁
Terminalia mantaly 'Tricolor'
使君子科 榄仁树属

※ 树形及树高

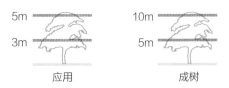

5m　　　　　　　10m

3m　　　　　　　5m

应用　　　　　　　成树

※ 功能及应用

●公园及公共绿地、风景区、庭园、道路、海滨、建筑
环境（含住区）、工矿区、医院、学校、滨水
●对植、列植、丛植、群植

※ 观赏时期

月	1	2	3	4	5	6	7	8	9	10	11	12
花												
叶												
实												

※ 区域生长环境

光照　阴 [　　　　　　　　] 阳

水分　干 [　　　　　　　　] 湿

温度　低 [　　　　　　　　] 高

※ 简介

●树姿优美，主干端直，层次分明。新叶粉红，成叶中
间绿色，有淡色宽边，后又渐变成近银白色。
●速生树种，只适应在北回归线以南地区生长，年极端
最低温度不能低于5℃，无霜冻。
●是小叶榄仁的栽培变种。

喜树

Camptotheca acuminata

蓝果树科　喜树属

树形及树高

应用

成树

功能及应用

- 公园及公共绿地、风景区、道路、建筑环境（含住宅）、工矿区、医院、学校、滨水
- 孤植、列植、丛植、群植

观赏时期

月	1	2	3	4	5	6	7	8	9	10	11	12
花												
叶			■	■	■	■	■	■	■	■		
实	■											■

区域生长环境

照　阴 ▭ 阳
分　干 ▭ 湿
度　低 ▭ 高

简介

- 单叶互生，卵状椭圆形。头状花序珠形。坚果棱柱形，生成球状果序。
- 不耐寒，不耐干旱瘠薄，播种繁殖。
- 速生树种，萌芽性强，浅根性。
- 果实奇特，好似无数的小芭蕉聚生成球形头状果序。
- 亚热带树种，中国特产，分布于长江以南地区，被列第一批国家重点保护野生植物，保护级别为 Ⅱ 级。

乌桕

Sapium sebiferum

大戟科 乌桕属

※ 树形及树高

应用	成树

※ 功能及应用

● 公园及公共绿地、风景区、道路、海滨、林地、建筑环境（含住区）、工矿区、医院、学校、湿地、滨水

● 孤植、列植、丛植、群植

※ 观赏时期

月	1	2	3	4	5	6	7	8	9	10	11	12
花												
叶												
实												

※ 区域生长环境

光照　阴 ▭ 阳

水分　干 ▭ 湿

温度　低 ▭ 高

※ 简介

● 小枝细，单叶互生，菱形。蒴果，种子外被白蜡。

● 喜肥沃深厚土壤，耐水湿。

● 速生树种，寿命较长，主根发达，抗风能力强，抗盐碱能力强，播种或扦插繁殖。

● 从种子蜡层提取出来的固定脂肪为工业原料，为重要的油脂植物。

● 秋色叶树种，还可观白色果实，鸟亦喜食。

● 亚热带树种，产秦岭、淮河流域及其以南，至华南、西南等地。

复羽叶栾树

Koelreuteria bipinnata

无患子科　栾树属

※ 树形及树高

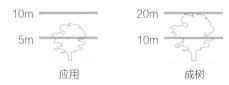

应用　　　　　　　成树

※ 功能及应用

● 公园及公共绿地、风景区、道路、海滨、林地、建筑环境（含住区）、工矿区、医院、学校

● 孤植、列植、丛植、群植

※ 观赏时期

月	1	2	3	4	5	6	7	8	9	10	11	12
花							▨	▨	▨			
叶			▬	▬	▬	▬	▬	▬	▬	▬	▬	▬
实	▬										▬	

※ 区域生长环境

照　阴 ▭▭▭▭▭ 阳

分　干 ▭▭▭▭▭ 湿

度　低 ▭▭▭▭▭ 高

※ 简介

● 二回羽状复叶互生，小叶卵状椭圆形。花黄色。蒴果较大，红色。

● 耐干旱瘠薄，极抗风，萌芽力强，深根性。适生于石灰岩山地。

● 中生树种。

● 有防风、抗二氧化硫、抗烟尘、耐盐碱特性。

● 有"灯笼树""摇钱树"的别称，国庆节前后开花结果，故又称"国庆花"。

● 亚热带树种，产我国东部、中南及西南部地区。

楝树（苦楝）

Melia azedarach

楝科　楝属

※ 树形及树高

应用

成树

※ 功能及应用

! 根皮、茎皮、果实有毒

●公园及公共绿地、风景区、道路、海滨、林地

●丛植、孤植、群植

※ 观赏时期

月	1	2	3	4	5	6	7	8	9	10	11	12
花			▓	▓	▓							
叶			▓	▓	▓	▓	▓	▓	▓	▓	▓	
实												

※ 区域生长环境

光照	阴	▭▭▭▭▭▭	阳
水分	干	▭▭▭▭▭▭	湿
温度	低	▭▭▭▭▭▭	高

※ 简介

●树皮光滑，老则浅纵裂。二至三回奇数羽状复叶互生小叶卵形。花较大，堇紫色。核果球形，熟时淡黄色。

●耐寒性不强，对土壤适应性强，在酸性、钙质及轻盐碱土上均能生长。

●速生树种，寿命较短，抗风能力强，萌芽能力强，而修剪。

●花瓣白中透紫，在衰败的过程中逐渐变白，四下弯曲分散。

●亚热带树种，产我国黄河以南各省区。

柚木

Tectona grandis

马鞭草科 柚木属

※ 树形及树高

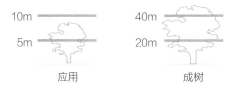

应用   成树

※ 功能及应用

- 公园及公共绿地、风景区、庭园、道路、林地、建筑环境（含住区）、工矿区、医院、学校
- 孤植、列植、丛植、群植

※ 观赏时期

月	1	2	3	4	5	6	7	8	9	10	11	12
花												
叶												
实												

※ 区域生长环境

光照   阴 ▭ 阳
水分   干 ▭ 湿
温度   低 ▭ 高

※ 简介

- 树皮灰色，浅纵细裂。小枝方形，有沟，密被分枝绒毛。单叶对生或三叶轮生，倒卵形，表面粗糙，背面密被黄棕色毛。花小，白色，几乎全年开花。核果。
- 强阳性，根较浅，不抗风，喜肥沃湿润排水良好土壤。
- 中生树种，世界著名用材树种之一。
- 材质纹理线条优美，含有金丝，又称金丝柚木。
- 热带树种，原产印度、缅甸、马来西亚及印尼。

蓝花楹（含羞草叶蓝花楹）
Jacaranda mimosifolia
紫葳科 蓝花楹属

※ 树形及树高

应用　　　　　　　成树

※ 功能及应用

●公园及公共绿地、风景区、庭园、道路、海滨、建筑环境（含住区）、工矿区、医院、学校
●列植、孤植、丛植、片植和群植

※ 观赏时期

月	1	2	3	4	5	6	7	8	9	10	11	12
花												
叶												
实												

※ 区域生长环境

光照　阴 ☐ 阳
水分　干 ☐ 湿
温度　低 ☐ 高

※ 简介

●二回羽状复叶对生，小叶长椭圆形。花蓝色。蒴果木质，卵球形。
●抗风，耐干旱，不耐寒。
●速生树种，观叶、观花树种，具有观赏与经济价值。
●热带树种，原产热带南美洲。

黄钟木（金花风铃木、黄花风铃木）

Tabebuia chrysantha

紫葳科 风铃木属

※ 树形及树高

10m

5m

应用

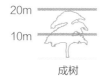

20m

10m

成树

※ 功能及应用

● 公园及公共绿地、风景区、庭园、道路、建筑环境（含住区）、工矿区、医院、学校、滨水

　列植、孤植、丛植、片植和群植

※ 观赏时期

月	1	2	3	4	5	6	7	8	9	10	11	12
花												
叶				■	■	■	■	■	■	■	■	
实												

※ 区域生长环境

光照　阴 ▭▭▭▭▭▭ 阳

水分　干 ▭▭▭▭▭▭ 湿

温度　低 ▭▭▭▭▭▭ 高

※ 简介

● 掌状复叶对生，小叶披针形。花亮黄色。蒴果细长。速生树种，不耐寒，适应性强。

● 春天开出风铃状黄花、花朵繁盛，是春天来临的指示树种。

　热带树种，原产墨西哥至委内瑞拉亦有粉花同属种类，粉花风铃木（*T.rosea*）。

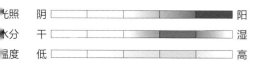

含笑
Michelia figo
木兰科 含笑属

※ 树形及树高

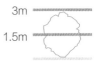

应用　　　　　　　成树

※ 功能及应用

 镇静、解闷、调节情绪、醒脑、催眠

 抗癌、止咳、平喘、祛痰、缓解头痛、改善心率

 抑菌

 吸收二氧化硫、氯气、氟化氢

● 庭院、公园及公共绿地、建筑环境（含住区）、工矿区、医院、学校。
● 列植、丛植、群植

※ 观赏时期

月	1	2	3	4	5	6	7	8	9	10	11	12
花												
叶												
实												

※ 区域生长环境

光照　阴 ▭ 阳
水分　干 ▭ 湿
温度　低 ▭ 高

※ 简介

● 树皮灰褐色。单叶互生，叶小，椭圆状倒卵形，革质，花淡乳黄色，具浓烈香蕉香气。
● 速生树种，耐阴，不耐寒，不耐暴晒，不耐干燥、贫瘠，忌积水，忌阳光直射，喜肥沃而排水良好的微酸性土壤。
● 花诱蜂鸟，芳香浓烈，不适宜陈设于小空间内。
● 名贵芳香植物。
● 亚热带树种，原产广东、福建等地，为福州市市花。

南天竹
Nandina domestica
小檗科 南天竹属

※ 树形及树高

3m　　　　　　3m

1.5m　　　　　1.5m

应用　　　　　成树

※ 功能及应用

! 全株有毒

●公园及公共绿地、风景区、道路、林地。
●丛植、片植

※ 观赏时期

月	1	2	3	4	5	6	7	8	9	10	11	12
花												
叶												
实												

※ 区域生长环境

光照　阴 ▭ 阳
水分　干 ▭ 湿
温度　低 ▭ 高

※ 简介

●丛生少分枝。二至三回羽状复叶互生，小叶椭圆状披针形，两面无毛。花小，白色。浆果球形，鲜红色，还有其他颜色栽培品种。
●耐微碱性土壤，耐寒性不强，喜肥沃湿润排水良好土壤。是石灰岩钙质土指示植物。
●慢生树种，播种、扦插或分株繁殖。
●新叶及秋色叶红，红果经久不落，为观花、观叶、观果的优良树种。
●亚热带树种，产于我国华南各省。

红檵木（红花檵木）
Loropetalum chinense var. rubrum
金缕梅科 檵木属

※ 树形及树高

应用　　　　　成树

※ 功能及应用

● 公园及公共绿地、风景区、庭园、道路、林地、建筑
环境（含住区）、工矿区、医院、学校、屋顶绿化
● 孤植、列植、丛植、片植、篱植

※ 观赏时期

月	1	2	3	4	5	6	7	8	9	10	11	12
花			■	■								
叶	■	■	■	■	■	■	■	■	■	■	■	■
实												

※ 区域生长环境

光照　阴 [　　　　　　] 阳
水分　干 [　　　　　　] 湿
温度　低 [　　　　　　] 高

※ 简介

● 小枝、嫩叶及花萼均有锈色星状短柔毛。单叶互生，
卵形暗紫色。花紫红色。蒴果。
● 耐寒冷，喜酸性土壤，适应性强，萌芽能力强，耐修
剪，易造型。
● 中生树种，常年异色叶观赏，但光照不足时叶子会渐
变成绿色。
● 亚热带树种，产华东、华南及西南各省区，株洲市
市花。

红苞木（红花荷）

Rhodoleia championii

金缕梅科　红苞木属

※ 树形及树高

5m
3m
应用

10m
5m
成树

※ 功能及应用

● 公园及公共绿地、风景区、庭园、道路、海滨、林地、建筑环境（含住区）、工矿区、医院、学校

孤植、列植、丛植、片植

※ 观赏时期

月	1	2	3	4	5	6	7	8	9	10	11	12
花		███	███	███								
叶	███████████████████████████████████████
实												

※ 区域生长环境

照　阴 ▭▭▭▭▭ 阳

分　干 ▭▭▭▭▭ 湿

度　低 ▭▭▭▭▭ 高

※ 简介

● 单叶互生，卵形，表面深绿而有光泽，背面青白色，革质。花红色。蒴果卵球形。

● 幼树喜阴，成年后较喜光，为中性偏阳树种，耐寒，不耐高温，不耐干旱瘠薄，喜富含有机质、排水良好的酸性土壤，抗风能力强，可用于防风林。

● 速生树种，有诱蝶、诱鸟特性。

播种或扦插繁殖。

● 花美色艳，花量大，花期长，盛花期花开满树。

● 亚热带树种，产中国广东，香港地区等地。

黄金榕
Ficus microcarpa 'Golden Leaves'
桑科 榕属

※ 树形及树高

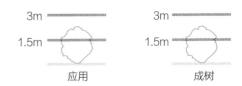

应用　　　　成树

※ 功能及应用

- 公园及公共绿地、风景区、庭园、道路、海滨、建筑环境（含住区）、工矿区、医院、学校、屋顶绿化
- 列植、片植、孤植、丛植、群植、篱植

※ 观赏时期

月	1	2	3	4	5	6	7	8	9	10	11	12
花												
叶												
实												

※ 区域生长环境

光照　阴 ▭ 阳
水分　干 ▭ 湿
温度　低 ▭ 高

※ 简介

- 单叶互生，嫩叶黄金色，日照愈强，色彩愈明艳，老叶渐转绿色。
- 耐风，耐潮，抗空气污染及烟尘能力强。
- 适应性强，生长旺盛，耐修剪，易造型，分蘖能力强。
- 速生树种，降温增湿、固氮释氧作用明显，诱蜂鸟。
- 榕树变种。叶色金黄有光泽，因此得名"黄金榕"。
- 热带及亚热带树种，产中国台湾及华南地区，东南亚及澳洲也有分布。

花叶榕（花叶垂榕）

Ficus benjamina 'Golden Princess'

桑科 榕属

※ 树形及树高

应用　　　　　　成树

※ 功能及应用

道路、公园及公共绿地、建筑环境（含住区）、风景
区、林地、工厂、医院、学校、海滨

列植、丛植、群植、篱植

※ 观赏时期

月	1	2	3	4	5	6	7	8	9	10	11	12
花												
叶												
实												

※ 区域生长环境

光照　阴 ▭ 阳

水分　干 ▭ 湿

温度　低 ▭ 高

※ 简介

叶缘有乳黄色条纹或斑块。

耐贫瘠，能减少噪声、抗污染、抗风。

速生树种，扦插、播种或高压繁殖。

为垂叶榕品种，叶有乳黄色窄边。

热带及亚热带树种，产广东、海南、广西、云南、
贵州。

大琴榕（大琴叶榕）

Ficus lyrata

桑科　榕属

※ 树形及树高

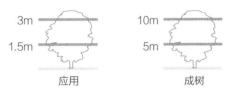

应用　　　　　　成树

※ 功能及应用

● 公园及公共绿地、风景区、庭园、海滨、林地、建筑
环境（含住区）、工矿区、医院、学校、屋顶绿化
● 列植、片植、孤植、丛植、群植

※ 观赏时期

月	1	2	3	4	5	6	7	8	9	10	11	12
花												
叶												
实												

※ 区域生长环境

光照　阴 [　　　　　　　　　] 阳
水分　干 [　　　　　　　　　] 湿
温度　低 [　　　　　　　　　] 高

※ 简介

● 叶大而奇特，像一把琴，故名"琴叶榕"，叶缘波状
硬革质，观赏价值及高。
● 速生树种。
● 热带树种，原产热带非洲；华南有引种栽培。

亚里垂榕

Ficus binnendijkii 'Alii'

桑科　榕属

树形及树高

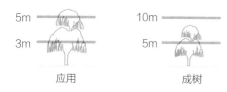

5m　　　　　　　　10m
3m　　　　　　　　5m

应用　　　　　　　成树

功能及应用

公园及公共绿地、风景区、庭园、道路、海滨、林地、建筑环境（含住区）、工矿区、医院、学校

列植、片植、孤植、丛植、群植、篱植

观赏时期

月	1	2	3	4	5	6	7	8	9	10	11	12
花												
叶												
实												

区域生长环境

照　阴 ▭▭▭▭ 阳
分　干 ▭▭▭▭ 湿
度　低 ▭▭▭▭ 高

简介

叶互生，下垂，条状披针形，革质，亮绿色，幼叶常红色或褐黄色。

喜酸性土壤，耐干旱瘠薄土壤，抗风，抗污染。

速生树种。

有金叶亚里垂榕品种。

热带及亚热带树种，广布于世界热带和亚热带。

对叶榕
Ficus hispida
桑科 榕属

※ 树形及树高

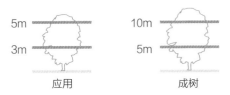

应用   成树

※ 功能及应用

●公园及公共绿地、风景区、庭园、道路、海滨、林地、建筑环境(含住区)、工矿区、医院、学校、滨水
●列植、对植、孤植、丛植、群植

※ 观赏时期

月	1	2	3	4	5	6	7	8	9	10	11	12
花												
叶												
实												

※ 区域生长环境

光照   阴 ▭▭▭▭▭▭▭ 阳

水分   干 ▭▭▭▭▭▭▭ 湿

温度   低 ▭▭▭▭▭▭▭ 高

※ 简介

●叶对生,厚纸质,卵状长椭圆形,表面粗糙,被短粗毛,背面被灰色粗糙毛。榕果成熟黄色。
●不耐阴,不耐寒,耐瘠薄,极耐湿,喜深厚肥沃湿润的微酸性土壤,抗二氧化硫、氯气、氟化物、粉尘、酸雾、酸雨等多种大气污染物,减噪功能强,抗风力强。
●速生树种,萌芽能力强,耐修剪。
●易招引鸟类及食果类动物。
●枝杆折断会溢出牛奶般的乳汁,故得名"牛奶树"。
●亚热带树种,产广东、海南、云南、贵州。

千头木麻黄

Casuarina nana

木麻黄科　木麻黄属

树形及树高

应用　　　　　　　　　成树

功能及应用

公园及公共绿地、风景区、道路、海滨、林地

篱植、列植、丛植、群植

观赏时期

月	1	2	3	4	5	6	7	8	9	10	11	12
花												
叶												
实												

区域生长环境

照　阴 ▭ 阳

分　干 ▭ 湿

度　低 ▭ 高

简介

常绿灌木，小枝绿色。叶退化为鳞片状，轮生。雄花穗状，雌花序近球形。果序球果状。

耐盐性强、抗强风、耐干旱瘠薄土壤，适应性强；耐性与耐阴性差。

速生树种，耐修剪，易整形，扦插繁殖。

热带树种，原产澳大利亚，为少数具有根瘤菌的非豆植物。

山茶花（山茶）

Camellia japonica

山茶科　山茶属

※ 树形及树高

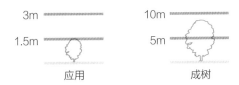

3m	10m
1.5m	5m
应用	成树

※ 功能及应用

吸收二氧化硫、氯气、氟化氢、甲醛

●公园及公共绿地、风景区、庭园、道路、海滨、建筑
环境（含住区）、工矿区、医院、学校、滨水
●列植、对植、丛植、群植

※ 观赏时期

月	1	2	3	4	5	6	7	8	9	10	11	12
花												
叶												
实												

※ 区域生长环境

光照	阴	阳
水分	干	湿
温度	低	高

※ 简介

●单叶互生，椭圆形，表面暗绿有光泽。花大，原种为
红花。经过长期栽培后习性、叶、花形、花色产生极多
变化，目前品种多达一两千种。
●忌烈日，耐热，稍耐寒，忌干燥，喜疏松肥沃的微酸
性土壤，发育过程需较多水分，对海潮风有一定抗性。
●慢生树种，播种、压条、扦插或嫁接繁殖。诱蜂鸟。
●著名观赏花木，"十大名花"之一。
●热带及亚热带树种，原产日本、朝鲜和中国。重庆、
宁波、温州、金华、景德镇和衡阳等地的市花。

华南红山茶

Camellia semiserrata

山茶科　山茶属

树形及树高

3m
1.5m
应用

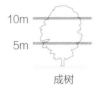
10m
5m
成树

功能及应用

公园及公共绿地、风景区、庭园、道路、海滨、建筑
环境（含住区）、工矿区、医院、学校、滨水

孤植、列植、对植、丛植、群植

观赏时期

月	1	2	3	4	5	6	7	8	9	10	11	12
花	■	■										■
叶	■	■	■	■	■	■	■	■	■	■	■	■
实												

区域生长环境

照　阴 ▭▭▭▭▭ 阳

分　干 ▭▭▭▭▭ 湿

度　低 ▭▭▭▭▭ 高

简介

小枝无毛。单叶互生，椭圆形，革质，无毛。花红色。
球形，熟时棕红色。

中生树种，耐半阴，喜深厚肥沃酸性土壤。

叶光泽浓绿，春节前后开花，鲜红夺目，秋季有硕果
垂枝端。

热带及亚热带树种，产广东中部、广西东南部。

杜鹃红山茶（杜鹃茶、四季茶）
Camellia azalea
山茶科 山茶属

※ 树形及树高

3m	5m
1.5m	3m
应用	成树

※ 功能及应用

- 公园及公共绿地、风景区、庭园、建筑环境（含住宅区）、工矿区、医院、学校、滨水
- 列植、对植、丛植、群植

※ 观赏时期

月	1	2	3	4	5	6	7	8	9	10	11	12
花												
叶												
实												

※ 区域生长环境

光照　阴 ▭ 阳

水分　干 ▭ 湿

温度　低 ▭ 高

※ 简介

- 株形紧凑，分枝密，嫩枝无毛，略显红色，老枝光滑灰褐色。叶倒卵形。花艳红色或粉色。蒴果卵球形，成熟时果皮由青色变成褐黑色。
- 中生树种，较耐阴，耐水湿。
- 其花外形极像杜鹃、实质却是山茶而得名，珍稀濒危国家I级保护植物。
- 热带及亚热带树种，主要分布在云南、广西、广东、四川。

茶梅

Camellia sasanqua

山茶科　山茶属

树形及树高

3m	3m
1.5m	1.5m
应用	成树

功能及应用

公园及公共绿地、风景区、庭园、道路、建筑环境（居住区）、工矿区、医院、学校、滨水

篱植、丛植、片植

观赏时期

月	1	2	3	4	5	6	7	8	9	10	11	12
花												
叶												
实												

区域生长环境

照	阴						阳
分	干						湿
度	低						高

简介

嫩枝有毛。叶小而厚，椭圆形，表面有光泽。花通常白色及粉红色，有香气。

稍耐阴，喜酸性土壤，不耐干旱瘠薄，不耐寒。

中生树种，播种、扦插或嫁接繁殖。

花如梅，实为茶而得名。

有诸多栽培品种。

亚热带树种，原产日本西南部及琉球群岛。

油茶
Camellia oleifera
山茶科 山茶属

※ 树形及树高

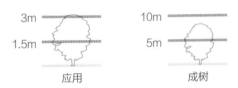

3m	10m	
1.5m	5m	
应用	成树	

※ 功能及应用

● 公园及公共绿地、风景区、庭园、道路、建筑环境（含住区）、工矿区、医院、学校
● 对植、丛植、群植

※ 观赏时期

月	1	2	3	4	5	6	7	8	9	10	11	12
花										▬	▬	▬
叶	▬	▬	▬	▬	▬	▬	▬	▬	▬	▬	▬	▬
实												

※ 区域生长环境

光照 阴 ▭▭▭▭▭ 阳
水分 干 ▭▭▭▭▭ 湿
温度 低 ▭▭▭▭▭ 高

※ 简介

● 枝干黄褐色光滑，嫩枝、叶柄及主脉均有毛。单叶互生，椭圆形。花白色。蒴果近球形。
● 喜深厚、肥沃、排水良好的酸性土壤。
● 速生树种，播种或扦插繁殖。
● 抗污染能力极强，抗氟和吸氟能力也很强。
● 世界四大木本油料之一，亦是中国特有的一种纯天然高级油料，种子榨油供食用或工业用。
● 热带树种，产中国、印度及越南，我国长江流域到华南地区广泛栽植。

大头茶

Gordonia axillaris

山茶科　大头茶属

树形及树高

3m
1.5m

应用

10m
5m

成树

功能及应用

公园及公共绿地、风景区、庭园、道路、海滨、林地
建筑环境（含住区）、工矿区、医院、学校
孤植、列植、对植、丛植、群植

观赏时期

月	1	2	3	4	5	6	7	8	9	10	11	12
花												
叶												
实												

区域生长环境

照　阴 ▭ 阳
分　干 ▭ 湿
度　低 ▭ 高

简介

叶互生，长椭圆形，表面暗绿色，两面无毛，厚革质。
大，乳白色。蒴果木质，长倒卵形。
速生树种，喜肥沃排水良好的土壤，耐干旱及空气污
染，抗风力强。
热带及亚热带树种，产我国西南至华南、湖南、浙江
台湾地区。

菲岛福木（福木）
Garcinia subelliptica
藤黄科 藤黄属

※ 树形及树高

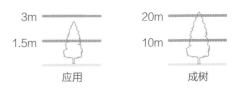

3m —————— 20m ——————
1.5m —————— 10m ——————
应用　　　　　　　成树

※ 功能及应用

●公园及公共绿地、风景区、庭园、道路、海滨、建筑
环境（含住区）、工矿区、医院、学校、屋顶绿化
●对植、列植、丛植、群植

※ 观赏时期

月	1	2	3	4	5	6	7	8	9	10	11	12
花												
叶												
实												

※ 区域生长环境

光照　阴 ▭ 阳
水分　干 ▭ 湿
温度　低 ▭ 高

※ 简介

●叶对生，椭圆形，厚革质。花淡黄色。果球形，熟时
金黄色，有光泽。
●耐干旱，抗风力强，能耐暴风和怒潮的侵袭，根部牢
固，是防风造林的理想树种。
●易招引蝶类、鸟类、食果类动物。
●慢生树种，寿命长。
●热带树种，产我国台湾南部地区，台北市亦见栽培。

山杜英

Elaeocarpus sylvestris

杜英科　杜英属

※ 树形及树高

应用

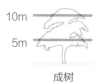

成树

※ 功能及应用

公园及公共绿地、风景区、道路、海滨、林地、建筑环境（含住区）、工矿区、医院、学校、湿地、滨水

片植、丛植、群植

※ 观赏时期

月	1	2	3	4	5	6	7	8	9	10	11	12
花												
叶												
实												

※ 区域生长环境

光照　阴 ▭ 阳

水分　干 ▭ 湿

温度　低 ▭ 高

※ 简介

枝叶光滑无毛。单叶互生，倒卵形，纸质。花白色。核果椭球形，紫黑色。

中生树种，幼树耐阴，耐短期水淹，耐火烧，萌芽能力强，耐修剪，适应性强，喜深厚肥沃及排水良好土壤，繁殖容易，病虫害少。

亚热带树种，产于广东、海南、广西、福建、浙江、江西、湖南、贵州、四川及云南。

水石榕

Elaeocarpus hainanensis

杜英科　杜英属

※ 树形及树高

5m	10m
3m	5m
应用	成树

※ 功能及应用

●公园及公共绿地、风景区、庭园、海滨、林地、建筑环境（含住区）、工矿区、医院、学校、湿地、滨水

●孤植、丛植、群植

※ 观赏时期

月	1	2	3	4	5	6	7	8	9	10	11	12
花												
叶												
实												

※ 区域生长环境

光照	阴	阳
水分	干	湿
温度	低	高

※ 简介

●单叶互生，狭披针形。花大，白色，流苏状下垂。核果窄纺锤形。

●喜微酸性土壤，耐水湿，耐热。

●中生树种，萌芽能力强、耐修剪。

●易招引蝶类、鸟类及食果动物。

●热带树种，产海南、广西及云南。

文定果（南美假樱桃）

Muntingia calabura

椴树科 文定果属

※ 树形及树高

5m
3m
应用

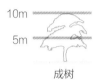
10m
5m
成树

※ 功能及应用

● 公园及公共绿地、风景区、庭园、海滨、林地、建筑环境（含住区）、工矿区、医院、学校、湿地、滨水
● 孤植、丛植、群植、片植

※ 观赏时期

月	1	2	3	4	5	6	7	8	9	10	11	12
花												
叶												
实												

※ 区域生长环境

光照　阴 ▭ 阳

水分　干 ▭ 湿

温度　低 ▭ 高

※ 简介

● 树皮光滑较薄。单叶互生，长圆状卵形，两面有星状戎毛。花白色。浆果球形，熟时红色，几乎全年开花结果。
● 不耐寒，不耐干旱瘠薄，抗风能力强。
● 中生树种，诱蜂鸟。
● 热带树种，原产热带美洲，华南有栽培。

布渣叶（破布叶）
Microcos paniculata
椴树科 布渣叶属

※ 树形及树高

3m	10m
1.5m	5m
应用	成树

※ 功能及应用

- 公园及公共绿地、风景区、海滨、林地
- 孤植、丛植、群植、片植

※ 观赏时期

月	1	2	3	4	5	6	7	8	9	10	11	12
花												
叶												
实												

※ 区域生长环境

光照　阴 ⬜⬜⬜⬜⬜⬛ 阳
水分　干 ⬜⬜⬜⬜⬜⬜ 湿
温度　低 ⬜⬜⬜⬜⬜⬜ 高

※ 简介

- 幼枝有毛。叶互生，卵形。花淡黄色。核果倒卵球形。
- 中生树种，耐半阴，喜深厚肥沃排水良好的壤土，抗风。
- 热带树种，产中国华南和云南南部，印度、中南半岛和印尼有分布。

非洲芙蓉

Dombeya calantha

梧桐科 非洲芙蓉属

※ 树形及树高

应用

成树

※ 功能及应用

● 公园及公共绿地、风景区、庭园、道路、建筑环境（含住区）、工矿区、医院、学校、湿地、滨水

孤植、丛植、群植、片植

※ 观赏时期

月	1	2	3	4	5	6	7	8	9	10	11	12
花												
叶												
实												

※ 区域生长环境

光照 阴 ▭ 阳

水分 干 ▭ 湿

温度 低 ▭ 高

※ 简介

● 枝有褐色毛。单叶互生。花粉红色，10～20朵成伞房状聚花序，下垂。蒴果。

● 速生树种，半日照和全日照均能生长迅速。

● 花盛开时花团锦簇，粉色花序饱满悬垂，缤纷绚烂，是优良的木本花卉。

● 热带树种，原产东非及马达加斯加等地，华南有栽培。

瓜栗（中美木棉、马拉巴栗、发财树）
Pachira macrocarpa
木棉科　瓜栗属

※ 树形及树高

应用　　　　　　成树

※ 功能及应用

●公园及公共绿地、庭院、建筑环境（含住区）
●孤植、丛植、群植

※ 观赏时期

月	1	2	3	4	5	6	7	8	9	10	11	12
花												
叶												
实												

※ 区域生长环境

光照　阴 ▭▭▭▭▭ 阳
水分　干 ▭▭▭▭▭ 湿
温度　低 ▭▭▭▭▭ 高

※ 简介

●掌状复叶互生，长卵圆形。花白色。蒴果长圆形。
●耐阴性强，耐寒性差，较耐水湿，稍耐干旱，喜肥沃、疏松、透气保水的沙质酸性土壤，忌碱性或黏重土壤。
●速生树种，播种或扦插繁殖。
●热带树种，原产中美洲。

夫桑（朱槿）

Hibiscus rosa-sinensis

锦葵科 木槿属

※ 树形及树高

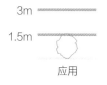

应用

成树

※ 功能及应用

 吸收氯气

● 公园及公共绿地、风景区、庭园、建筑环境（含住区）、道路、工矿区、医院、学校、屋顶绿化

● 篱植、丛植、群植、片植

※ 观赏时期

月	1	2	3	4	5	6	7	8	9	10	11	12
花												
叶												
实												

※ 区域生长环境

光照　阴 ▭ 阳

水分　干 ▭ 湿

温度　低 ▭ 高

※ 简介

● 单叶互生，广卵形，表面有光泽。花鲜红色。

● 喜微酸性土壤，极不耐寒。

速生树种，固氮释氧、降温增湿作用明显。

花大色艳，绚丽夺目，四季常开，又称"大红花"。

● 有诸多品种，花色、叶色各异。

● 热带树种，产我国南部及中南半岛。马来西亚、苏丹国花，广西南宁市市花。

吊灯花（拱手花篮、吊灯扶桑）
Hibiscus schizopetalus
锦葵科　木槿属

※ 树形及树高

应用　　　　　　成树

※ 功能及应用

● 公园及公共绿地、风景区、庭园、建筑环境（含住区）、道路、工矿区、医院、学校、屋顶绿化
● 丛植、群植、片植、篱植

※ 观赏时期

月	1	2	3	4	5	6	7	8	9	10	11	12
花				■	■	■	■	■	■	■	■	
叶	■	■	■	■	■	■	■	■	■	■	■	■
实												

※ 区域生长环境

光照　阴 ▢▢▢▢▢ 阳
水分　干 ▢▢▢▢▢ 湿
温度　低 ▢▢▢▢▢ 高

※ 简介

● 枝细长拱形。单叶互生，椭圆形。花大下垂，红色。
● 耐干旱，抗污染。
● 速生树种，花似灯笼悬挂在枝头，花姿美艳，花期长。
● 热带树种，原产东非热带，我国福建、台湾、广东、海南、广西和云南等地引入栽培。

黄槿

Hibiscus tiliaceus

锦葵科　木槿属

※ 树形及树高

应用

成树

※ 功能及应用

● 公园及公共绿地、风景区、庭园、道路、海滨、林地、建筑环境（含住区）、工矿区、医院、学校
● 列植、丛植、孤植、群植、片植

※ 观赏时期

月	1	2	3	4	5	6	7	8	9	10	11	12
花												
叶												
实												

※ 区域生长环境

光照　阴 ▭ 阳
水分　干 ▭ 湿
温度　低 ▭ 高

※ 简介

● 小枝无毛。单叶互生，广卵形，表面深绿色，背面灰白色，密生星状绒毛，革质。花钟形，黄色。
● 耐盐碱海滨树种，速生树种，深根性，抗风力强，抗污染能力强。耐干旱瘠薄，有防风固沙、护岸固堤的作用。
● 花大、亮黄色、明艳显眼，花蕊基部为暗紫色，为良好的观花灌木。
● 热带及亚热带树种，产我国华南地区及日本、越南、印度、缅甸、马来西亚、印尼、澳大利亚等地。

悬铃花（垂花悬铃花）

Malvaviscus penduliflorus

锦葵科 悬铃花属

※ 树形及树高

3m	3m
1.5m	1.5m
应用	成树

※ 功能及应用

吸附烟尘，净化有害气体

●公园及公共绿地、风景区、庭园、道路、海滨、建筑环境（含住区）、工矿区、医院、学校、滨水、屋顶绿化
●丛植、群植、片植、篱植

※ 观赏时期

月	1	2	3	4	5	6	7	8	9	10	11	12
花												
叶												
实												

※ 区域生长环境

光照	阴	阳
水分	干	湿
温度	低	高

※ 简介

●叶互生，狭卵形。花单生叶腋，下垂，红色，几乎全年开花。
●速生树种，稍耐阴，耐热不耐寒，耐干旱瘠薄，耐湿忌涝，忌暴晒，耐修剪，喜肥沃疏松及排水良好的微酸性土壤，扦插繁殖。
●花朵鲜红色，向下悬垂，且永不开展，较为奇特，花期终年、花量多。
●热带及亚热带树种，原产墨西哥至哥伦比亚。

红花玉蕊
Barringtonia acutangula

玉蕊科　玉蕊属

树形及树高

	10m		20m
	5m		10m
	应用		成树

功能及应用

公园及公共绿地、风景区、庭园、道路、海滨、建筑
环境（含住区）、工矿区、医院、学校、滨水
孤植、对植、列植、丛植、群植

观赏时期

月	1	2	3	4	5	6	7	8	9	10	11	12
花							■	■	■	■	■	
叶	■	■	■	■	■	■	■	■	■	■	■	■
实												

区域生长环境

照　阴 ▭ 阳
分　干 ▭ 湿
度　低 ▭ 高

简介

小枝粗壮，干燥时灰褐色。叶丛生枝顶，纸质，倒卵
形。花下垂，芳香，果实卵圆形，肉质，种子卵形。
速生树种，耐干旱、耐盐碱。
细长花丝鲜红艳丽，红色的花朵排列成一长串下垂，
花朵晚间开放，白天闭合。
我国唐代中叶极负盛名的传统名花，但因栽培不普遍
随时代的变迁而失传。
热带及亚热带树种，产我国台湾地区和广东，广布于
亚洲、亚洲和大洋洲的热带、亚热带地区。

胭脂树（红木）

Bixa orellana

胭脂树科 胭脂树属

※ 树形及树高

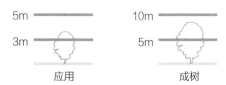

5m	10m
3m	5m
应用	成树

※ 功能及应用

●公园及公共绿地、风景区、庭园、道路、林地、建筑环境（含住区）、工矿区、医院、学校、滨水
●孤植、丛植、群植

※ 观赏时期

月	1	2	3	4	5	6	7	8	9	10	11	12
花									▬	▬		
叶	▬	▬	▬	▬	▬	▬	▬	▬	▬	▬	▬	▬
实												

※ 区域生长环境

光照	阴 ▭▭▭▭▭▭ 阳
水分	干 ▭▭▭▭▭▭ 湿
温度	低 ▭▭▭▭▭▭ 高

※ 简介

●小枝具褐色毛。单叶互生，卵形，背面密被红褐色小点。花白色至淡红色。蒴果有软刺，扁球形，绿色或红紫色。种皮肉质，红色。
●速生树种，喜肥沃土壤。
●枝叶茂密，红果带刺极为醒目。
●亚马逊河流域与西印度群岛的原住民取胭脂树的种子用手掌搓揉，涂抹皮肤，做为身体的装饰，看起来就像涂上胭脂一般，因此得名。
●热带树种，原产热带美洲，中国华南地区有栽培。

番木瓜

Carica papaya

番木瓜科　番木瓜属

树形及树高

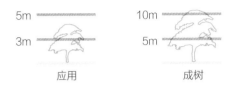

5m	10m
3m	5m
应用	成树

功能及应用

庭院、公园及公共绿地、建筑环境（含住区）、学校

孤植、丛植、群植

观赏时期

月	1	2	3	4	5	6	7	8	9	10	11	12
花												
叶												
实												

区域生长环境

照	阴						阳

分	干						湿

度	低						高

简介

茎通常不分枝。叶大，互生。花黄白色，芳香。浆果
球形，熟时橙黄色。

喜酸性至中性土壤，很不耐寒，遇霜即凋。

速生树种，播种或扦插繁殖。

果实长于树上，外形像瓜，故名之木瓜。果实肉质细
，甜美可口，营养丰富，有"百益之果""水果之皇""万
瓜"之雅称，是岭南四大名果之一。

热带及亚热带树种，原产热带美洲，先广植于世界热
及暖亚热带地区。

象脚树
Moringa drouhardii
辣木科　辣木属

※ 树形及树高

应用　　　　成树

※ 功能及应用

●公园及公共绿地、风景区、庭园、建筑环境（含住区）
●孤植、丛植、群植

※ 观赏时期

月	1	2	3	4	5	6	7	8	9	10	11	12
花												
叶												
实												

※ 区域生长环境

光照　阴 ▭ 阳
水分　干 ▭ 湿
温度　低 ▭ 高

※ 简介

●树干光滑，常稍弯曲，中下部肥大，分枝少。二回羽状复叶互生，集生枝端，小叶椭圆状镰刀形，粉绿色或蓝绿色。花黄色至淡黄色。蒴果长形。
●喜排水良好的沙壤土。
●速生树种。
●因树干形似象脚而得名。
●热带树种，原产热带非洲。

杜鹃（杜鹃花、映山红）

Rhododendron simsii

杜鹃花科　杜鹃花属

※ 树形及树高

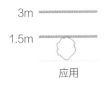

应用

成树

※ 功能及应用

公园及公共绿地、风景区、庭园、道路、林地、建筑
环境（含住区）、工矿区、医院、学校

● 篱植、丛植、片植、群植

※ 观赏时期

月	1	2	3	4	5	6	7	8	9	10	11	12
花												
叶												
实												

※ 区域生长环境

光照　阴 ▭ 阳

水分　干 ▭ 湿

温度　低 ▭ 高

※ 简介

● 枝叶及花梗均密被黄褐色粗伏毛，单叶互生，长椭圆
形。花深红色，有紫斑。

● 喜酸性土壤，不耐寒，抗病虫力强。

● 速生树种，扦插、嫁接、压条、分株或播种繁殖。

● 为诱蝶及寄主植物。

● 相传，古有杜鹃鸟，日夜哀鸣而咯血，染红遍山的花
朵，因而得名。

● 江西、安徽和贵州省的省花。中国十大名花之一。

● 亚热带树种，产长江流域及其各省区山地。

毛白杜鹃（白花杜鹃）

Rhododendron mucronatum

杜鹃花科 杜鹃花属

※ 树形及树高

3m	3m
1.5m	1.5m
应用	成树

※ 功能及应用

●公园及公共绿地、风景区、庭园、道路、林地、建筑
环境（含住区）、工矿区、医院、学校
●篱植、丛植、片植、群植

※ 观赏时期

月	1	2	3	4	5	6	7	8	9	10	11	12
花												
叶												
实												

※ 区域生长环境

光照	阴		阳
水分	干		湿
温度	低		高

※ 简介

●多分枝，枝叶及花梗均密生粗毛。单叶互生，长椭圆
形，叶面细皱。花白色，芳香。
●速生树种，喜半阴，耐热，不耐寒，忌碱涝，喜酸性
土壤，对土壤适应性强，抗有害气体能力强。
●可做酸性指示植物，忌碱性土壤。
●有诸多其他花色的品种。
●亚热带树种，原产于我国东南部和日本。

厚叶石斑木（车轮梅）

Rhaphiolepis umbellata

蔷薇科　石斑木属

※ 树形及树高

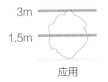

3m
1.5m

应用

5m
3m

成树

※ 功能及应用

● 公园及公共绿地、风景区、庭园、道路、海滨、林地、
建筑环境（含住区）、工矿区、医院、学校、屋顶绿化
● 篱植、丛植、片植、群植

※ 观赏时期

月	1	2	3	4	5	6	7	8	9	10	11	12
花												
叶												
实												

※ 区域生长环境

光照　阴 ▢▢▢▢▢▢ 阳

水分　干 ▢▢▢▢▢▢ 湿

温度　低 ▢▢▢▢▢▢ 高

※ 简介

● 近轮状分枝，叶集生于枝端，倒卵形，表面有光泽。
花白色。果球形，紫黑色，有白粉。
● 耐干旱瘠薄，耐一定的盐碱，喜排水良好的沙质土。
● 常与秋色叶树种搭配种植，可做防风树种、造林用材。
● 中生树种，诱蜂鸟。
● 花朵将盛开时，雄蕊为黄色，后逐渐转为红色，因此
花心常同时呈现黄色及红色，颇为奇特。
● 亚热带树种，产我国浙江和日本。

银叶金合欢

Acacia podalyriifolia

含羞草科　金合欢属

※ 树形及树高

5m ▬▬▬▬	5m ▬▬▬▬
3m ▬▬🌳▬	3m ▬▬🌳▬
应用	成树

※ 功能及应用

● 公园及公共绿地、风景区、庭园、道路、林地、建筑环境（含住区）、工矿区、医院、学校、屋顶绿化

● 孤植、丛植、片植、群植

※ 观赏时期

月	1	2	3	4	5	6	7	8	9	10	11	12
花			▬	▬	▬	▬						
叶	▬	▬	▬	▬	▬	▬	▬	▬	▬	▬	▬	▬
实												

※ 区域生长环境

光照	阴 ▭▭▭▭▭▭ 阳
水分	干 ▭▭▭▭▭▭ 湿
温度	低 ▭▭▭▭▭▭ 高

※ 简介

● 幼年时叶片为羽状复叶，而成年银色的叶柄则逐渐变宽，形如单叶，奇特非常。花朵金黄色、毛球状。

● 速生树种，耐干旱，不耐水湿，耐寒，喜排水良好土壤，适于干旱地区栽培。

● 在亚热带、温带和半干旱地区可生长，产自我国浙江、台湾地区、福建、广东、广西、云南和四川。

银合欢

Leucaena leucocephala

含羞草科　银合欢属

※ 树形及树高

5m
3m

应用

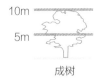

10m
5m

成树

※ 功能及应用

公园及公共绿地、风景区、道路、海滨、林地

列植、丛植、片植、群植

※ 观赏时期

月	1	2	3	4	5	6	7	8	9	10	11	12
花												
叶												
实												

※ 区域生长环境

光照　阴 ▭ 阳

水分　干 ▭ 湿

温度　低 ▭ 高

※ 简介

● 二回偶数羽状复叶互生，小叶狭椭圆形。花白色，头状花序 1～3 个腋生。荚果薄带状。

● 速生树种，耐干旱瘠薄，主根深，抗风力强，萌芽性强。

　热带树种，原产热带美洲，现广植于热带地区，华南各省有栽培。

朱缨花（红绒球、美蕊花）

Calliandra haematocephala

含羞草科 朱缨花属

※ 树形及树高

应用   成树

※ 功能及应用

● 公园及公共绿地、风景区、庭园、道路、林地、建筑
环境（含住区）、工矿区、医院、学校、屋顶绿化
● 篱植、列植、孤植、丛植、群植

※ 观赏时期

月	1	2	3	4	5	6	7	8	9	10	11	12
花												
叶												
实												

※ 区域生长环境

光照 阴 ▭▭▭▭▭ 阳

水分 干 ▭▭▭▭▭ 湿

温度 低 ▭▭▭▭▭ 高

※ 简介

● 二回羽状复叶互生，每羽片具小叶 5 ～ 8 对。小叶斜
卵状披针形，顶生小叶最大，嫩叶红褐色。花丝红色，
花丝基部白色。果线状倒披针形。
● 速生树种，不耐寒，耐受最低温约 7℃ 。
● 有白花品种。
● 热带树种，原产南美玻利维亚。

红粉扑花
Calliandra emarginata
含羞草科　朱缨花属

※ 树形及树高

3m ━━━━━━━━
1.5m ━━━━━━━━
应用

3m ━━━━━━━━
1.5m ━━━━━━━━
成树

※ 功能及应用

公园及公共绿地、风景区、庭园、道路、林地、建筑环境（含住区）、工矿区、医院、学校
● 篱植、列植、孤植、丛植、群植

※ 观赏时期

月	1	2	3	4	5	6	7	8	9	10	11	12
花					■	■	■					
叶	■	■	■	■	■	■	■	■	■	■	■	■
实												

※ 区域生长环境

光照　阴 ▭▭▭▭▭▭ 阳
水分　干 ▭▭▭▭▭▭ 湿
温度　低 ▭▭▭▭▭▭ 高

※ 简介

● 二回羽状复叶，每羽片具 3 对小叶，小叶长圆形。花亮红色，头状花序单生。
● 中生树种，不耐强光，抗寒能力较差。
● 夜幕降临，叶片会闭合起来，次日早晨再展开。
● 热带树种，原产北美墨西哥南部至洪都拉斯。

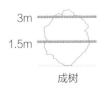

橙红羊蹄甲（南非羊蹄甲）

Bauhinia galpinii

苏木科　羊蹄甲属

※ 树形及树高

3m	3m
1.5m	1.5m
应用	成树

※ 功能及应用

● 公园及公共绿地、风景区、庭园、道路、林地、建筑
环境（含住区）、工矿区、医院、学校、屋顶绿化
● 丛植、群植、片植

※ 观赏时期

月	1	2	3	4	5	6	7	8	9	10	11	12
花					■	■	■	■	■	■	■	
叶	■	■	■	■	■	■	■	■	■	■	■	■
实												

※ 区域生长环境

光照	阴	▭	阳
水分	干	▭	湿
温度	低	▭	高

※ 简介

● 单叶互生，叶肾形，2 裂，背面密被柔毛。花橙红色
伞房花序具 6 ～ 10 朵。
● 耐干旱瘠薄，不耐寒。
● 慢生树种，花色鲜艳美丽，花量大，花期长。
● 热带树种，原产热带非洲，是非洲多个国家和地区常
见的园林绿化常绿植物。

黄槐

Cassia surattensis

苏木科 决明属

树形及树高

应用

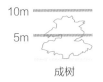

成树

功能及应用

公园及公共绿地、风景区、道路、海滨、林地、建筑
环境（含住区）、工矿区、医院、学校、滨水

丛植、群植、片植

观赏时期

月	1	2	3	4	5	6	7	8	9	10	11	12
花												
叶												
实												

区域生长环境

光照　阴 [　　　　　　　　] 阳

水分　干 [　　　　　　　　] 湿

湿度　低 [　　　　　　　　] 高

简介

偶数羽状复叶互生，小叶 6 ～ 10 对，倒卵状椭圆形。
花大，鲜黄色，几乎全年开花。荚果扁，条形。

喜高温，不耐寒，耐干旱，耐水湿，要求肥沃深厚而
排水良好土壤，不抗风，需植于避风处。

速生树种，繁殖、栽培都较容易。

热带树种，产亚洲热带至大洋洲，中国华南及台湾地
区常见栽培。

双荚黄槐（双荚决明、金边黄槐）
Cassia bicapsularis
苏木科 决明属

※ 树形及树高

| | 应用 | 成树 |

※ 功能及应用

●公园及公共绿地、风景区、道路、海滨、林地、建筑
环境（含住区）、工矿区、医院、学校、屋顶绿化
●篱植、丛植、群植、片植

※ 观赏时期

月	1	2	3	4	5	6	7	8	9	10	11	12
花												
叶												
实												

※ 区域生长环境

光照　阴 ▭ 阳
水分　干 ▭ 湿
温度　低 ▭ 高

※ 简介

●多分枝，羽状复叶互生，小叶 3 ～ 5 对，倒卵形，叶
面灰绿色，叶缘常金黄色。花金黄色。荚果细圆柱形，
种子褐黑色。
●耐干旱瘠薄和轻盐碱土。
●速生树种，防风，抗污染。
●热带树种，原产热带美洲，世界热带地区广泛栽培。

翅荚决明

Cassia alata

苏木科　决明属

树形及树高

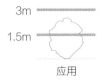
应用

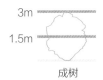
成树

功能及应用

公园及公共绿地、风景区、道路、林地、建筑环境
（居住区）、工矿区、医院、学校
片植、丛植、群植、篱植

观赏时期

月	1	2	3	4	5	6	7	8	9	10	11	12
花												
叶												
实												

区域生长环境

照　阴 ▭▭▭▭▭▭ 阳
分　干 ▭▭▭▭▭▭ 湿
度　低 ▭▭▭▭▭▭ 高

简介

羽状复叶互生，叶轴及叶柄具狭翅，小叶长圆形。总
花序直立，花金黄色，有紫色脉纹，芳香。荚果带形。
速生树种，耐半阴，不耐寒。
诱蝶，诱虫。
热带树种，原产美洲热带，广东、海南、云南有栽培。

仪花

Lysidice rhodostegia

苏木科（云实科） 仪花属

※ 树形及树高

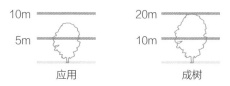

应用　　　　成树

※ 功能及应用

● 公园及公共绿地、风景区、庭园、道路、林地、建筑
环境（含住区）、工矿区、医院、学校
● 列植、孤植、丛植、片植和群植

※ 观赏时期

月	1	2	3	4	5	6	7	8	9	10	11	12
花												
叶												
实												

※ 区域生长环境

光照　阴 〇　　　　　　　阳

水分　干 〇　　　　　　　湿

温度　低 〇　　　　　　　高

※ 简介

● 偶数羽状复叶互生，小叶长椭圆形。花紫色，萼筒
短萼仪花长，苞片小、粉色。
● 速生树种，耐瘠薄、干热，稍耐寒，幼树稍耐阴，
深厚肥沃排水良好土壤。
● 热带亚热带树种，产中国和越南。

工花银桦

Grevillea banksii

龙眼科　银桦属

树形及树高

 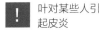

3m　　　　　　10m
1.5m　　　　　　5m

应用　　　　　　成树

功能及应用

吸收二氧化硫、氟化氢

! 叶对某些人引起皮炎

公园及公共绿地、风景区、道路、林地、建筑环境（居住区）、工矿区、医院、学校

孤植、丛植、片植、群植

观赏时期

月	1	2	3	4	5	6	7	8	9	10	11	12
花												
叶												
实												

区域生长环境

照　阴 [　　　　　　　] 阳
分　干 [　　　　　　　] 湿
度　低 [　　　　　　　] 高

简介

幼枝有毛，叶互生，羽状深裂，裂片线形，背面密生色丝状毛，边缘反卷。花鲜红，成侧向顶生总状花序。荚果歪卵形，扁平，熟时褐色。

中生树种，喜微酸性土壤，不耐寒，适应性强，抗污能力强。

有白花品种和杂交品种。

热带及亚热带树种，原产澳大利亚东部。

桃金娘

Rhodomyrtus tomentosa

桃金娘科　桃金娘属

※ 树形及树高

应用　　　　成树

※ 功能及应用

●公园及公共绿地、风景区、庭园、道路、林地、建筑
环境（含住区）、工矿区、医院、学校、屋顶绿化
●篱植、丛植、片植和群植

※ 观赏时期

月	1	2	3	4	5	6	7	8	9	10	11	12
花				■	■	■						
叶	■	■	■	■	■	■	■	■	■	■	■	■
实								■	■			

※ 区域生长环境

光照　阴 ▭ 阳

水分　干 ▭ 湿

温度　低 ▭ 高

※ 简介

●枝幼时有毛，单叶对生，长椭圆形，表面光泽，背面
密生绒毛。花桃红色，渐褪为白色。浆果球形，紫色。
●速生树种，喜酸性土，酸性指示植物，耐半阴，耐
旱瘠薄。
●诱鸟。
●花先白后红，红白相映，果色鲜红转为深紫，均可观。
果亦可食可药用。
●热带树种，原产我国南部至东南亚各国。

红千层

Callistemon rigidus

桃金娘科 红千层属

※ 树形及树高

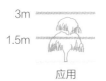
应用

成树

※ 功能及应用

 止咳、平喘、祛痰　　 抑菌

● 公园及公共绿地、风景区、庭园、道路、林地、建筑环境（含住区）、工矿区、医院、学校、屋顶绿化

● 丛植、片植和群植

※ 观赏时期

月	1	2	3	4	5	6	7	8	9	10	11	12
花						■	■	■	■	■		
叶	■	■	■	■	■	■	■	■	■	■	■	■
实												

※ 区域生长环境

光照　阴 ▭ 阳
水分　干 ▭ 湿
湿度　低 ▭ 高

※ 简介

● 树皮不易剥落，单叶互生，暗绿色，线形，叶质坚硬。穗状花序紧密，花丝鲜红色。

● 喜肥沃潮湿的酸性土壤，耐热，不耐寒，不耐阴，极耐干旱瘠薄。

● 慢生树种，萌芽能力强，耐修剪。

● 播种、扦插或高压繁殖，移栽不易成活，定植以幼苗为好。

● 固碳释氧，抗风，护岸固堤。

● 亚热带树种，原产澳大利亚。

垂枝红千层（串钱柳）
Callistemon viminalis
桃金娘科 红千层属

※ 树形及树高

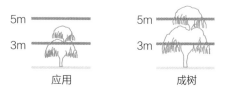

应用　　　　成树

※ 功能及应用

● 公园及公共绿地、风景区、庭园、道路、海滨、建筑环境（含住区）、工矿区、医院、学校、湿地、滨水
● 孤植、列植、群植、丛植

※ 观赏时期

月	1	2	3	4	5	6	7	8	9	10	11	12
花					■	■	■	■	■	■		
叶	■	■	■	■	■	■	■	■	■	■	■	■
实												

※ 区域生长环境

光照　阴 ▭▭▭▭▭▭ 阳
水分　干 ▭▭▭▭▭▭ 湿
温度　低 ▭▭▭▭▭▭ 高

※ 简介

● 枝细长下垂，嫩枝有柔毛，叶披针形。花丝细长，纟色，成下垂密集穗状花序。
● 慢生树种，较耐寒，喜肥沃酸性或弱碱性土壤，萌芽能力强，耐修剪，抗大气污染。
● 串钱柳的名字源于它独特的果实，木质蒴果结成时紧贴在枝条上，数量繁多，犹如中国古时的铜钱串在一起。
● 有不同花色、矮生及长穗品种。
● 亚热带树种，原产澳大利亚。

黄金香柳（金千层）
Melaleuca bracteata 'Revolution Gold'
桃金娘科 白千层属

※ 树形及树高

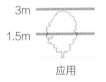

应用   成树

※ 功能及应用

公园及公共绿地、风景区、庭园、道路、海滨、林地、
建筑环境（含住区）、工矿区、医院、学校、湿地、滨水
孤植、列植、群植、丛植

※ 观赏时期

月	1	2	3	4	5	6	7	8	9	10	11	12
花												
叶												
实												

※ 区域生长环境

光照 阴 ▭ 阳
水分 干 ▭ 湿
温度 低 ▭ 高

※ 简介

叶紧密互生，线形，嫩叶金黄色，老叶黄绿色，揉之
有香味。花白色。
中生树种，抗旱、抗涝、抗盐碱、抗强风，病虫害少。
热带树种，杂交物种，热带地区多有栽培。

金蒲桃（黄金熊猫）
Xanthostemon chrysanthus
桃金娘科　金蒲桃属

※ 树形及树高

应用　　　　　成树

※ 功能及应用

● 公园及公共绿地、风景区、庭园、道路、建筑环境（含住区）、工矿区、医院、学校
● 列植、丛植、片植和群植

※ 观赏时期

月	1	2	3	4	5	6	7	8	9	10	11	12
花												
叶												
实												

※ 区域生长环境

光照　阴 ☐☐☐☐☐ 阳
水分　干 ☐☐☐☐☐ 湿
温度　低 ☐☐☐☐☐ 高

※ 简介

● 花丝金黄色，花朵绒球状，小花聚生在枝端，排成伞房花序，仿佛一个个憨态可掬的熊猫脸，因而得名"金黄熊猫"。
● 慢生树种，稍耐阴，耐热，耐干旱。
● 原产澳大利亚，是澳洲特有的代表植物之一。

工车（红鳞蒲桃）

Syzygium hancei

桃金娘科　蒲桃属

※ 树形及树高

应用

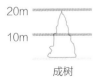

成树

※ 功能及应用

● 公园及公共绿地、风景区、庭园、道路、建筑环境（含住区）、工矿区、医院、学校、滨水、屋顶绿化

● 对植、群植、丛植、篱植、片植

※ 观赏时期

月	1	2	3	4	5	6	7	8	9	10	11	12
花												
叶												
实												

※ 区域生长环境

光照　阴 ▭ 阳

水分　干 ▭ 湿

温度　低 ▭ 高

※ 简介

● 嫩枝圆形，黑褐色。叶革质，狭椭圆形。多花，果球形。萌芽能力强、耐修剪。

● 新叶红润鲜亮，随生长变化逐渐呈橙红或橙黄色，老叶则为绿色，一株树上的叶片可同时呈现红、橙、绿3种颜色。

● 中生树种，在道路中间绿化带作主体材料栽植，可有效避免司机疲劳驾驶。

● 热带及亚热带树种，产东南亚及大洋洲，中国香港地区、澳门、广东、广西、海南、福建、昆明等地有栽培。

红果仔（番樱桃、毕当茄）
Eugenia uniflora
桃金娘科　番樱桃属

※ 树形及树高

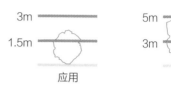

3m		5m	
1.5m		3m	
	应用		成树

※ 功能及应用

●公园及公共绿地、风景区、庭园、道路、建筑环境（含住区）、工矿区、医院、学校、滨水
●对植、群植、丛植

※ 观赏时期

月	1	2	3	4	5	6	7	8	9	10	11	12
花												
叶												
实												

※ 区域生长环境

光照　阴 ▭ 阳

水分　干 ▭ 湿

温度　低 ▭ 高

※ 简介

●叶对生，卵形，表面深绿色，有光泽，背面苍白色，花白色，有香味。浆果扁球形，红色。
●速生树种，不耐干旱，不耐寒，喜肥沃、透气性及排水良好的微酸性沙质土壤，萌芽能力强，耐修剪。
●诱蜂诱鸟。
●热带树种，原产热带美洲，在热带地区广为栽培。

番石榴

Psidium guajava

桃金娘科　番石榴属

※ 树形及树高

应用

成树

※ 功能及应用

公园及公共绿地、风景区、庭园、林地、建筑环境（含住区）、工矿区、医院、学校、滨水
● 孤植、群植、丛植、片植

※ 观赏时期

月	1	2	3	4	5	6	7	8	9	10	11	12
花												
叶												
实												

※ 区域生长环境

光照　阴 ▭ 阳

水分　干 ▭ 湿

温度　低 ▭ 高

※ 简介

树皮薄鳞片状剥落，斑驳光滑，有一定观赏性。叶对生，长椭圆形，革质，背面有毛。花白色，芳香。浆果球形。
● 速生树种，耐旱，耐湿，不耐寒，喜排水良好的沙质土壤，播种或嫁接繁殖。
● 果可食，是热带水果之一。
● 诱鸟类。
● 热带及亚热带树种，原产南美洲，现广植于热带地区。

野牡丹
Melastoma malabathriam
野牡丹科　野牡丹属

※ 树形及树高

3m ━━━━━━━　　　　3m ━━━━━━━

1.5m ━━━━━⬚　　　　1.5m ━━━━━⬚

应用　　　　　　　　成树

※ 功能及应用

●公园及公共绿地、风景区、庭园、道路、林地、建筑环境（含住区）、工矿区、医院、学校、滨水、屋顶绿化
●丛植、篱植、片植

※ 观赏时期

月	1	2	3	4	5	6	7	8	9	10	11	12
花					■	■	■	■				
叶	■	■	■	■	■	■	■	■	■	■	■	■
实												

※ 区域生长环境

光照　阴 ▭▭▭▭▭▭ 阳
水分　干 ▭▭▭▭▭▭ 湿
温度　低 ▭▭▭▭▭▭ 高

※ 简介

●枝密被紧贴的鳞片状糙伏毛。单叶对生，卵形，两面被糙伏毛。花紫粉红色，芳香。蒴果肉质，坛状球形。
●速生树种，耐半阴，稍耐旱，耐瘠薄，喜疏松、腐殖质较多的酸性土壤，是酸性土壤指示植物，扦插或播种繁殖。
●有白花品种。
●热带树种，产中国台湾地区、华南及中南半岛。

蒂牡花（巴西野牡丹）
Tibouchina urvilleana
野牡丹科 蒂牡花属

❋ 树形及树高

3m

1.5m

应用

3m

1.5m

成树

❋ 功能及应用

● 公园及公共绿地、风景区、庭园、道路、林地、建筑 环境（含住区）、工矿区、医院、学校、滨水、屋顶绿化
● 丛植、篱植、片植、列植、群植

❋ 观赏时期

月	1	2	3	4	5	6	7	8	9	10	11	12
花												
叶												
实												

❋ 区域生长环境

光照　阴 ▭ 阳

水分　干 ▭ 湿

温度　低 ▭ 高

❋ 简介

● 茎4棱，有毛，叶对生，卵状长椭圆形，深绿色，两面密被短毛。花鲜蓝紫色，短聚伞花顶生。
● 速生树种，喜排水良好的酸性土壤，不耐寒，适应性强。
● 花大、多且密，娇艳美丽，一年四季皆有花，为良好的园林观赏植物。
● 热带树种，原产巴西，世界热带地区普遍栽培。

银毛野牡丹
Tibouchina aspera var. *asperrima*
野牡丹科 蒂牡花属

※ 树形及树高

応用　　　　　成树

※ 功能及应用

●公园及公共绿地、风景区、庭园、道路、林地、建筑环境（含住区）、工矿区、医院、学校、滨水
●篱植、片植、丛植

※ 观赏时期

月	1	2	3	4	5	6	7	8	9	10	11	12
花												
叶												
实												

※ 区域生长环境

光照　阴 [   ] 阳
水分　干 [   ] 湿
温度　低 [   ] 高

※ 简介

●茎4棱，叶对生，广卵形，两面密被银白色绒毛。花淡紫色，具伞状圆锥花序顶生。
●耐半阴，适应性及抗逆性强。
●速生树种，耐修剪。
●热带树种，原产中美至南美。

无刺枸骨

Ilex cornuta 'National'

冬青科　冬青属

树形及树高

3m
1.5m

应用

3m
1.5m

成树

功能及应用

公园及公共绿地、风景区、庭园、道路、海滨、林地、建筑环境（含住区）、工矿区、医院、学校、滨水、屋顶绿化

丛植、篱植、片植、列植、群植

观赏时期

月	1	2	3	4	5	6	7	8	9	10	11	12
花												
叶												
实												

区域生长环境

照　阴 ▭ 阳

分　干 ▭ 湿

度　低 ▭ 高

简介

叶菱状卵形，硬革质，表面深绿有光泽。花小，黄绿色。核果球形，鲜红色。

慢生树种，不耐寒，有较强的抗性，喜排水良好的酸性和微碱性土壤。

叶型奇特，有光泽，果实由绿转红，满枝累累，经冬不凋。

为枸骨园艺品种。

亚热带树种，产于江苏、上海市、安徽、浙江、江西、湖北和湖南等省。

血桐
Macaranga tanarius
大戟科　血桐属

※ 树形及树高

应用　　　　　　　成树

※ 功能及应用

● 公园及公共绿地、风景区、道路、海滨、林地、建筑环境（含住区）、工矿区、医院、学校、滨水
● 孤植、丛植、群植

※ 观赏时期

月	1	2	3	4	5	6	7	8	9	10	11	12
花												
叶												
实												

※ 区域生长环境

光照　阴 ▢▢▢▢▢▢▢▢ 阳
水分　干 ▢▢▢▢▢▢▢▢ 湿
温度　低 ▢▢▢▢▢▢▢▢ 高

※ 简介

● 叶互生，常集于叶端，广卵形。花单性异生，黄绿色，蒴果球形。
● 不耐寒，耐盐碱，抗风，抗大气污染，有一定减噪功能。
● 速生树种。
● 因枝杆受伤流出来的树液似血颜色，故名"血桐"。
● 热带及亚热带树种，产东南亚至大洋洲。

红桑（红叶铁苋）

Acalypha wilkesiana

大戟科　铁苋菜属

树形及树高

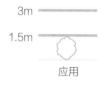

3m
1.5m

应用

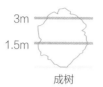

3m
1.5m

成树

功能及应用

- 公园及公共绿地、风景区、庭园、道路、海滨、建筑环境（含住区）、工矿区、医院、学校、滨水、屋顶绿化
- 丛植、片植、群植、篱植

观赏时期

月	1	2	3	4	5	6	7	8	9	10	11	12
花												
叶												
实												

区域生长环境

光照　阴 [＿＿＿＿＿＿＿] 阳

水分　干 [＿＿＿＿＿＿＿] 湿

温度　低 [＿＿＿＿＿＿＿] 高

简介

- 单叶互生，卵圆形，红色或绿色叶上有红色、黄色斑块。花小，单性，无花瓣，穗状花序。蒴果。
- 慢生树种，耐干旱，忌水湿，不耐寒，最低耐受温度为6℃。
- 扦插繁殖。
- 有金边、线叶、乳叶、彩叶等品种。
- 热带树种，原产南太平洋岛屿。

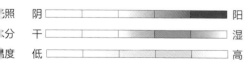

一品红（圣诞红）

Euphorbia pulcherrima

大戟科　大戟属

※ 树形及树高

3m	3m
1.5m	1.5m
应用	成树

※ 功能及应用

● 公园及公共绿地、风景区、庭园、道路、建筑环境（含住区）、工矿区、医院、学校、滨水、屋顶绿化
● 片植、丛植

※ 观赏时期

月	1	2	3	4	5	6	7	8	9	10	11	12
花	███	███	███	███						███	███	███
叶	███████████████████████████████████
实												

※ 区域生长环境

光照　阴 ▭▭▭▭▭ 阳
水分　干 ▭▭▭▭▭ 湿
温度　低 ▭▭▭▭▭ 高

※ 简介

● 叶互生，长椭圆形，绿色。苞叶开花时朱红色，杯状花序多数，生于枝端。
● 速生树种，不耐寒，对水分反应敏感，生长期只要水分充足。
● 有粉苞、白苞、淡黄苞、二色、重瓣及矮生等品种。
● 热带树种，原产中美洲，广泛栽植于热带亚热带地区

虎刺梅（铁海棠、麒麟刺）
Euphorbia milii
大戟科　大戟属

树形及树高

3m	3m
1.5m	1.5m
应用	成树

功能及应用

! 有刺，茎中白色乳汁有毒，对皮肤、黏膜刺激

公园及公共绿地、风景区、道路、海滨、滨水
群植、片植

观赏时期

月	1	2	3	4	5	6	7	8	9	10	11	12
花												
叶												
实												

区域生长环境

照	阴	阳
分	干	湿
度	低	高

简介

茎有纵棱，多锥状硬尖刺。单叶互生，长倒卵形。花
总苞基部有鲜红色肾形苞片，花期全年。
慢生树种，稍耐阴，不耐高温，较耐干旱，不耐寒。
长期干旱会引起叶片脱落，需常修剪。
有白苞、淡黄苞、二色等品种。
热带树种，原产非洲马达加斯加。

紫锦木（肖黄栌）

Euphorbia cotinifolia

大戟科 大戟属

※ 树形及树高

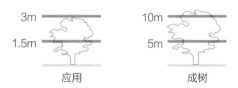

3m		10m	
1.5m		5m	
应用		成树	

※ 功能及应用

! 枝叶乳汁及挥发性气体可引起过敏

● 公园及公共绿地、风景区、道路、林地
● 孤植、丛植、群植

※ 观赏时期

月	1	2	3	4	5	6	7	8	9	10	11	12
花												
叶												
实												

※ 区域生长环境

光照　阴 ⬛⬛⬛⬛⬛⬛⬛⬛ 阳
水分　干 ⬛⬛⬛⬛⬛⬛⬛⬛ 湿
温度　低 ⬛⬛⬛⬛⬛⬛⬛⬛ 高

※ 简介

● 多分枝，小枝及叶片均红褐色。单叶对生或 3 叶轮
生，卵圆形。
● 中生树种，不耐寒，喜疏松肥沃排水良好的土壤。
● 叶色褐红，作为观叶植物却极似漆树科黄栌，故名
"肖黄栌"。
● 热带树种，原产非洲热带地区和美洲墨西哥及西印度
群岛。

琴叶珊瑚（日日樱）
Jatropha pandurifolia
大戟科 麻风树属

※ 树形及树高

应用　　　　　　成树

※ 功能及应用

! 汁液有毒

公园及公共绿地、风景区、道路、海滨、林地、建筑
环境（含住区）、工矿区、医院、学校、滨水
孤植、片植、丛植、篱植

※ 观赏时期

月	1	2	3	4	5	6	7	8	9	10	11	12
花					■	■	■	■	■	■	■	■
叶	■	■	■	■	■	■	■	■	■	■	■	■
实												

※ 区域生长环境

光照　阴 ▭ 阳
水分　干 ▭ 湿
温度　低 ▭ 高

※ 简介

● 叶互生，倒卵状长椭圆形，近基部两侧各具 1 尖齿。
花红色或粉色，卵形，花瓣 5，聚伞花序顶生。果球形。
● 速生树种，耐盐碱海滨树种，不耐寒，播种或扦插
繁殖。
● 因叶似提琴而得名。
● 热带树种，原产美洲西印度群岛。

红背桂（青紫木）

Excoecaria cochinchinensis

大戟科 海漆属

※ 树形及树高

| 应用 | 成树 |

※ 功能及应用

吸收大气污染、二氧化硫

分泌促癌物质，乳汁毒性大

●公园及公共绿地、风景区、道路、林地、垂直绿化
●篱植、丛植、片植

※ 观赏时期

月	1	2	3	4	5	6	7	8	9	10	11	12
花												
叶												
实												

※ 区域生长环境

光照　阴 〔　　　　　　　　　　　　〕阳
水分　干 〔　　　　　　　　　　　　〕湿
温度　低 〔　　　　　　　　　　　　〕高

※ 简介

●全体无毛，单叶对生，狭长椭圆形，表面深绿色，背面紫红色。花单性异株。蒴果球形，红色。
●慢生树种，喜散射光，忌强光直射，喜微酸性土壤，耐阴，耐干旱，很不耐寒。
●因叶背为红色得名，一种实用价值较高的观叶植物。
●亚热带树种，产亚洲东南部。

变叶木（洒金榕）

Codiaeum variegatum var. pictum

大戟科　变叶木属

※ 树形及树高

应用　　　　　　成树

※ 功能及应用

!　乳汁有毒

●公园及公共绿地、风景区、道路、建筑环境（含住区）、工矿区、医院、学校、滨水
●篱植、丛植

※ 观赏时期

月	1	2	3	4	5	6	7	8	9	10	11	12
花												
叶												
实												

※ 区域生长环境

光照　阴 ▭▭▭▭▭▭ 阳
水分　干 ▭▭▭▭▭▭ 湿
温度　低 ▭▭▭▭▭▭ 高

※ 简介

●枝上有大而明显的圆叶痕，叶形变化大，披针形、椭圆形或匙形，绿色、红色、黄色或杂色，叶片上散生黄色或金黄色斑点或斑纹。花小，白色。
●速生树种，耐半阴，不耐寒，不耐干旱，扦插繁殖。
●热带树种，原产马来半岛及大洋洲，品种很多，世界各地广泛栽培。

米仔兰（米兰、树兰）

Aglaia odorata

楝科 米仔兰属

※ 树形及树高

3m ========================   5m ========================

1.5m ===============   3m ===============

应用　　　　　　　　　成树

※ 功能及应用

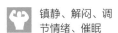 镇静、解闷、调
节情绪、催眠

 吸收二氧化
硫、氯气

●公园及公共绿地、风景区、庭园、道路、建筑环境（含
住区）、工矿区、医院、学校、垂直绿化、滨水、屋顶绿化
●篱植、丛植、片植

※ 观赏时期

月	1	2	3	4	5	6	7	8	9	10	11	12
花												
叶												
实												

※ 区域生长环境

光照　阴 [＝＝＝＝＝＝＝＝＝＝] 阳

水分　干 [＝＝＝＝＝＝＝＝＝＝] 湿

温度　低 [＝＝＝＝＝＝＝＝＝＝] 高

※ 简介

●多分枝，幼枝顶部常被锈色星状鳞片。羽状复叶互生，
小叶对生，倒卵状椭圆形，两面无毛。花小而多，黄色，
极香。浆果球形。
●速生树种，高压或嫩枝扦插繁殖。
●因花只有米粒大小，因此被称为"米仔兰"。
●热带及亚热带树种，原产东南亚，现广植于热带及亚
热带各地。

四季米仔兰
Aglaia duperreana
楝科　米仔兰属

※ 树形及树高

3m	3m
1.5m	1.5m
应用	成树

※ 功能及应用

公园及公共绿地、风景区、庭园、道路、建筑环境（含住区）、工矿区、医院、学校、垂直绿化、滨水、屋顶绿化

篱植、丛植、片植

※ 观赏时期

月	1	2	3	4	5	6	7	8	9	10	11	12
花												
叶												
实												

※ 区域生长环境

光照	阴						阳
水分	干						湿
温度	低						高

※ 简介

● 羽状复叶互生，小叶 5～7，倒卵形。花小，黄色，总状花序。

● 稍耐阴，不耐寒，喜深厚疏松肥沃的微酸性沙质土壤。

● 慢生树种，寿命长。

● 花极香，花期长。

● 因四季开花，因此有"四季米仔兰"之称。

● 热带树种，原产越南南部。

柚

Citrus maxima

芸香科 柑橘属

※ 树形及树高

应用

成树

※ 功能及应用

✚ 止咳、祛痰、消炎、平喘

●公园及公共绿地、风景区、庭园、道路、林地、建筑环境（含住区）、工矿区、医院、学校、滨水、屋顶绿化
●孤植、对植、列植、丛植、群植

※ 观赏时期

月	1	2	3	4	5	6	7	8	9	10	11	12
花			▨	▨								
叶	▬	▬	▬	▬	▬	▬	▬	▬	▬	▬	▬	▬
实									▬	▬	▬	▬

※ 区域生长环境

光照 阴 ▭▭▭▭▭▭ 阳
水分 干 ▭▭▭▭▭▭ 湿
温度 低 ▭▭▭▭▭▭ 高

※ 简介

●小枝具棱角，有毛，枝刺较大，叶较大，卵状椭圆形，叶柄具宽大倒心型翅。花白色。果特大，果皮厚，黄色。
●速生树种，忌强光，喜肥沃疏松土壤。
●对人体呼吸系统有挥发保健成分。
●诱蝶及寄主植物。
●南方重要果树。
●热带树种，原产亚洲南部，我国南部栽培历史悠久。

宁檬
Citrus limon
芸香科　柑橘属

※ 树形及树高

3m
1.5m
应用

5m
3m
成树

※ 功能及应用

 止咳、祛痰、消炎、平喘　　 抑菌

● 公园及公共绿地、庭园、建筑环境（含住区）、工矿区、医院、学校、屋顶绿化

　孤植、丛植、群植

※ 观赏时期

月	1	2	3	4	5	6	7	8	9	10	11	12
花												
叶												
实												

※ 区域生长环境

光照　阴 ▭ 阳
水分　干 ▭ 湿
温度　低 ▭ 高

※ 简介

● 小枝圆，有枝刺。叶较小。花瓣里面白色，外面淡紫色。果椭球形，果皮粗糙，柠檬黄色。

● 怕冷，春、夏季需水量大，冬季要少水，不耐移栽。

● 固氮释氧性较强，对人体呼吸系统有挥发保健成分。

● 速生树种，诱蜂诱鸟。

● 果味道极酸，肝虚孕妇最喜欢，故称益母果或益母子。含有丰富的柠檬酸，富含维生素C，它是"坏血病"的克星。

● 热带树种，原产亚洲南部。

黄皮
Clausena lansium
芸香科　黄皮属

※ 树形及树高

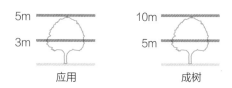

5m		10m
3m		5m
应用		成树

※ 功能及应用

➕ 平喘、止咳、祛痰、消炎

● 公园及公共绿地、风景区、庭园、建筑环境（含住区）、工矿区、医院、学校
● 列植、孤植、丛植和群植

※ 观赏时期

月	1	2	3	4	5	6	7	8	9	10	11	12
花												
叶												
实												

※ 区域生长环境

光照	阴	阳
水分	干	湿
温度	低	高

※ 简介

● 羽状复叶互生，小叶卵状椭圆形，叶缘浅波状。花白色，有香气，圆锥花序大而直立。浆果球形，果皮有腺体具柔毛。
● 中生树种，喜肥沃深厚的沙壤土，不耐寒。
● 固氮释氧性较强，对人体呼吸系统有挥发保健成分，是南方传统果树之一。
● 热带亚热带树种，产华南及西南地区。

月椒木
Zanthoxylum piperitum
芸香科　花椒属

※ 树形及树高

3m ——————　　　3m ——————
1.5m ——————　　　1.5m ——————
应用　　　　　　　　成树

※ 功能及应用

 改善心率

公园及公共绿地、风景区、庭园、道路、建筑环境（含住区）、工矿区、医院、学校、垂直绿化、屋顶绿化
列植、丛植、群植、篱植、盆栽

※ 观赏时期

月	1	2	3	4	5	6	7	8	9	10	11	12
花												
叶												
实												

※ 区域生长环境

光照　阴 ▭ 阳
水分　干 ▭ 湿
湿度　低 ▭ 高

※ 简介

● 枝有刺，全株有浓烈的胡椒香味。小叶倒卵形，绿色有光泽，有细密油点，新叶略红色。雄花黄色，雌花橙红色。果椭球形，红褐色。
● 喜肥沃和排水良好的土壤，抗风，扦插或高压繁殖。
● 慢生树种，耐修剪。
● 诱蝶及寄主植物。
● 亚热带树种，原产日本和朝鲜。

九里香
Murraya exotica
芸香科　九里香属

※ 树形及树高

3m   5m

1.5m   3m

应用   成树

※ 功能及应用

 醒脑、消除疲劳　　 吸收二氧化硫、氯气

 止咳、祛痰、消炎、改善心率　 抑菌

●公园及公共绿地、风景区、庭园、道路、建筑环境
（含住区）、工矿区、医院、学校
●篱植、丛植、群植、片植

※ 观赏时期

月	1	2	3	4	5	6	7	8	9	10	11	12
花												
叶												
实												

※ 区域生长环境

光照　阴 ▭▭▭▭▭ 阳

水分　干 ▭▭▭▭▭ 湿

温度　低 ▭▭▭▭▭ 高

※ 简介

●多分枝，小枝无毛。羽状复叶互生，小叶互生，倒卵
形，表面深绿有光泽，较厚。花白色，极芳香，聚伞花
序。浆果球形，朱红色。
●速生树种，忌阳光直射，不耐寒。
●花果诱蜂鸟，花具芳香，抗大气污染，对人体呼吸系
统有挥发保健成分。
●热带树种，产热带亚洲。

日桃

verrhoa carambola

浆草科　阳桃属

树形及树高

5m		10m
3m		5m
应用		成树

功能及应用

公园及公共绿地、风景区、庭园、林地、建筑环境
（住区）、工矿区、医院、学校、湿地、滨水
列植、孤植、丛植和群植

观赏时期

月	1	2	3	4	5	6	7	8	9	10	11	12
花				▬	▬		▬	▬	▬			
叶	▬	▬	▬	▬	▬	▬	▬	▬	▬	▬	▬	▬
实							▬	▬	▬	▬		

区域生长环境

照　阴 ▭ 阳
分　干 ▭ 湿
度　低 ▭ 高

简介

羽状复叶互生，小叶卵形。花小，白色或淡粉紫色。
果卵形，绿色或黄绿色。
速生树种，喜半阴，忌强烈日照，不耐寒，忌霜害，
耐干旱，喜微风，怕台风，喜深厚疏松肥沃土壤。
果实五角星形，可食用，甜而多汁，是南方果树之一。
热带树种，原产马来西亚及印尼，广植于热带各地。

八角金盘
Fatsia japonica
五加科 八角金盘属

※ 树形及树高

3m　　　　　　　　　　5m

1.5m　　　　　　　　3m

应用　　　　　　　成树

※ 功能及应用

吸收二氧化碳

●公园及公共绿地、风景区、庭园、道路、海滨、林地、建筑环境（含住区）、工矿区、医院、学校、滨水
●群植、片植

※ 观赏时期

月	1	2	3	4	5	6	7	8	9	10	11	12
花												
叶												
实												

※ 区域生长环境

光照　阴 ▭ 阳

水分　干 ▭ 湿

温度　低 ▭ 高

※ 简介

●常成丛生状，幼嫩枝叶多易脱落性褐色毛。单叶互生近圆形，掌状 7～9 深裂，革质，表面深绿色有光泽。花小，乳白色，球状伞形花序聚生成顶生圆锥状复花序。
●不耐干旱，较耐阴，耐寒性不强，要求土壤排水及通风良好。
●速生树种，播种、扦插或高压繁殖。
●叶掌状深裂，裂片约 8 片，看似有 8 个角而得名。
●亚热带树种，原产日本。

鹅掌藤

Schefflera arboricola

五加科　鹅掌柴属

树形及树高

应用

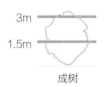

成树

功能及应用

镇静、解闷、调节情绪

公园及公共绿地、风景区、庭园、道路、海滨、林地、建筑环境（含住区）、工矿区、医院、学校、垂直绿化、水景、屋顶绿化

篱植、丛植、片植

观赏时期

月	1	2	3	4	5	6	7	8	9	10	11	12
花												
叶												
实												

区域生长环境

光照　阴 ▭ 阳

水分　干 ▭ 湿

温度　低 ▭ 高

简介

藤本或蔓性灌木，能爬墙或树。掌状复叶，小叶7～，倒卵状长椭圆形。花绿白色，伞形花序聚生成总状复花序。

速生树种，不耐寒，最低耐受温度5℃，扦插繁殖。有诸多园艺品种。

热带树种，产中国台湾地区、广东、海南和广西南部。

孔雀木

Dizygotheca elegantissima

五加科　孔雀木属

※ 树形及树高

3m ———————　　5m ——————

1.5m ——————　　3m ——————

应用　　　　　　成树

※ 功能及应用

● 公园及公共绿地、风景区、庭园、道路、建筑环境（含住区）、工矿区、医院、学校、滨水、屋顶绿化

● 丛植、群植

※ 观赏时期

月	1	2	3	4	5	6	7	8	9	10	11	12
花												
叶												
实												

※ 区域生长环境

光照　阴 □□□□□□ 阳

水分　干 □□□□□□ 湿

温度　低 □□□□□□ 高

※ 简介

● 掌状复叶互生，具长柄，小叶 5 ～ 9 轮状着生，条形，暗绿色。花小，5 基数，顶生大型伞形花序。

● 速生树种，冬季温度不低于 15℃，扦插或播种繁殖。

● 掌状复叶形似孔雀尾部羽毛开展的形状，故名"孔雀木"。

● 有宽叶孔雀木和镶边宽叶孔雀木等品种。

● 热带树种，原产大洋洲及西南太平洋诸岛。

灰莉

agraea ceilanica

马钱科　灰莉属

树形及树高

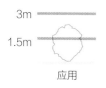
3m
1.5m
应用

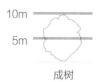
10m
5m
成树

功能及应用

公园及公共绿地、风景区、庭园、道路、海滨、建筑
境（含住区）、工矿区、医院、学校、滨水、屋顶绿化
篱植、片植、丛植、群植、对植

观赏时期

月	1	2	3	4	5	6	7	8	9	10	11	12
花												
叶												
实												

区域生长环境

照　阴 [   ] 阳

分　干 [   ] 湿

度　低 [   ] 高

简介

全体无毛。叶对生，椭圆形，革质，有光泽。花白色，
清香，漏斗状。浆果卵球形。
速生树种，耐半阴，喜肥沃排水良好土壤，不耐寒，
污染能力强。萌发力强，耐修剪，扦插繁殖。
释放氧气，产生的挥发性油类具杀菌作用，有利于睡眠。
有斑叶灰莉等品种。
热带树种，产印度及东南亚，我国台湾、华南及云南
有分布。

黄花夹竹桃
Thevetia peruviana
夹竹桃科　黄花夹竹桃属

※ 树形及树高

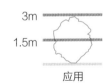
3m
1.5m
应用

5m
3m
成树

※ 功能及应用

🏛 吸收二氧化硫、氯气、烟尘

❗ 树液、种子有毒

●公园及公共绿地、风景区、道路、海滨、林地、滨水
●孤植、列植、群植、丛植

※ 观赏时期

月	1	2	3	4	5	6	7	8	9	10	11	12
花												
叶												
实												

※ 区域生长环境

光照　阴 ▭▭▭▭▭▭▭ 阳
水分　干 ▭▭▭▭▭▭▭ 湿
温度　低 ▭▭▭▭▭▭▭ 高

※ 简介

●体内具乳汁，叶互生，线形，表面光泽，两面无毛，花大而黄色。核果扁三角状球形，由绿变红，最后变黑
●很不耐寒，播种或扦插繁殖。
●速生树种，有一定的抗风性。
●有白花、红花等品种。
●热带树种，原产美洲热带、西印度群岛及墨西哥一带

黄蝉

Allamanda schottii

夹竹桃科 黄蝉属

树形及树高

应用　　　　　　　　　成树

功能及应用

! 乳汁有毒

公园及公共绿地、风景区、道路、林地、滨水、垂直绿化

篱植、丛植、群植、片植

观赏时期

月	1	2	3	4	5	6	7	8	9	10	11	12
花												
叶												
实												

区域生长环境

光照　阴 ▭▭▭▭▭▭▭▭ 阳

水分　干 ▭▭▭▭▭▭▭▭ 湿

温度　低 ▭▭▭▭▭▭▭▭ 高

简介

叶3～5枚轮生，长椭圆形。花柠檬黄色，漏斗状。蒴果球形，密生长刺。

速生树种，稍耐半阴，不耐寒，忌霜冻，忌积水和盐碱，较耐水湿，不耐干旱，喜肥沃湿润排水良好的沙质土。

有小花、斑叶、白边等品种。

热带树种，原产巴西。

软枝黄蝉
Allamanda cathartica
夹竹桃科　黄蝉属

※ 树形及树高

3m ---- 　　　　3m ----

1.5m ---- 　　　　1.5m ----

应用　　　　成树

※ 功能及应用

! 乳汁、树皮、种子有毒

●公园及公共绿地、风景区、道路、林地、滨水、垂直绿化
●篱植、丛植、群植、片植

※ 观赏时期

月	1	2	3	4	5	6	7	8	9	10	11	12
花												
叶												
实												

※ 区域生长环境

光照　阴 [　　　　　　　　　] 阳
水分　干 [　　　　　　　　　] 湿
温度　低 [　　　　　　　　　] 高

※ 简介

●直立灌木或半藤本，叶3～4枚轮生或对生，长椭圆形。花黄色，花冠喉部有白斑。蒴果球形密生长刺。
●速生树种，不耐寒，最低温度13～15℃。
●有较强固氮释氧及降温增湿功能。
●因花蕾的形貌似蝉蛹，枝条柔软，故得名"软枝黄蝉"。
●有大花、重瓣、狭瓣、粉花等品种。
●热带树种，原产巴西及圭亚那。

紫蝉花
Allamanda blanchetii
夹竹桃科 黄蝉属

※ 树形及树高

　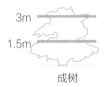

应用　　　　　　成树

※ 功能及应用

!　白色体液有毒。

公园及公共绿地、风景区、道路、林地、滨水、垂直绿化
● 篱植、丛植、群植、片植

※ 观赏时期

月	1	2	3	4	5	6	7	8	9	10	11	12
花												
叶												
实												

※ 区域生长环境

光照　阴 [＿＿＿＿＿＿＿] 阳
水分　干 [＿＿＿＿＿＿＿] 湿
温度　低 [＿＿＿＿＿＿＿] 高

※ 简介

叶 4 枚轮生，长椭圆形，背面叶面上有绒毛。花漏斗形，淡紫红至桃红色。
● 速生树种，最低耐受温 16℃左右，全株有白色液体。
● 热带树种，原产巴西。

海杧果（海芒果）
Cerbera manghas
夹竹桃科 海芒果属

※ 树形及树高

应用

成树

※ 功能及应用

❗ 树汁有毒，只宜外敷，不能内服

● 公园及公共绿地、滨水、海滨、道路
● 丛植、群植、孤植

※ 观赏时期

月	1	2	3	4	5	6	7	8	9	10	11	12
花												
叶												
实												

※ 区域生长环境

光照　阴 ▭▭▭▭▭▭ 阳
水分　干 ▭▭▭▭▭▭ 湿
温度　低 ▭▭▭▭▭▭ 高

※ 简介

● 有乳汁，单叶互生，集生顶端，倒披针形，有光泽。花高脚碟状，白色，中心部带红色，芳香。核果卵形，熟时红色。
● 稍耐阴，对土壤要求不严，耐盐碱，抗风力强。
● 速生树种，根系发达，移栽易活。
● 诱蝶及寄主植物。
● 果实外形似杧果，因而得名。
● 热带树种，产热带亚洲至波利尼西亚沿岸。

狗牙花（马茶花）

Tabernaemontana divaricata 'Flore Pleno'
夹竹桃科　狗牙花属

※ 树形及树高

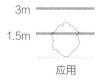
应用

成树

3m — 1.5m　应用

5m — 3m　成树

※ 功能及应用

- 公园及公共绿地、风景区、庭园、道路、林地、建筑环境（含住区）、工矿区、医院、学校、滨水、屋顶绿化
- 篱植、孤植、丛植、群植

※ 观赏时期

月	1	2	3	4	5	6	7	8	9	10	11	12
花				▨	▨	▨	▨	▨	▨			
叶	▨	▨	▨	▨	▨	▨	▨	▨	▨	▨	▨	▨
实												

※ 区域生长环境

光照　阴 ▭ 阳
水分　干 ▭ 湿
温度　低 ▭ 高

※ 简介

- 多分枝，无毛，有乳汁。单叶对生，长椭圆形亮绿色。花白色，高脚碟状，芳香，腋生聚伞花序。
- 速生树种，喜酸性土壤，不耐寒。
- 花冠裂片边缘有皱纹，形似狗牙，故名"狗牙花"。
- 株型紧凑，花净白素雅、花期长，为华南重要的衬景和配色花灌木。
- 原种为单瓣狗牙花，有斑叶狗牙花品种。
- 热带及亚热带树种，产世界热带和亚热带。

夜香树（木本夜来香）
Cestrum nocturnum
茄科 夜香树属

※ 树形及树高

3m　　　　　　　　　3m

1.5m　　　　　　　1.5m

应用　　　　　　　成树

※ 功能及应用

 驱蚊　　　! 香味使高血压、心脏病患者不适

● 公园及公共绿地、风景区、庭园、道路、海滨、建筑
环境（含住区）、工矿区、医院、学校、垂直绿化、滨
水、屋顶绿化
● 孤植、丛植

※ 观赏时期

月	1	2	3	4	5	6	7	8	9	10	11	12
花												
叶												
实												

※ 区域生长环境

光照　阴 ▭ 阳
水分　干 ▭ 湿
温度　低 ▭ 高

※ 简介

● 枝条长而拱垂。叶互生，卵状长椭圆形，纸质。花量
大，花冠筒细长，奶油白色，夜间极香。浆果白色。
● 速生树种，稍耐阴，不耐霜冻。
● 热带树种，原产热带美洲，现广植于热带各地。

鸳鸯茉莉（二色茉莉）
Brunfelsia acuminata
茄科　鸳鸯茉莉属

※ 树形及树高

应用　　　　　　　　成树

※ 功能及应用

● 公园及公共绿地、风景区、庭园、道路、建筑环境（含住区）、工矿区、医院、学校、垂直绿化、滨水、屋顶绿化

篱植、丛植、群植

※ 观赏时期

月	1	2	3	4	5	6	7	8	9	10	11	12
花		■	■	■	■							
叶	■	■	■	■	■	■	■	■	■	■	■	■
实												

※ 区域生长环境

光照　阴 ▭▭▭▭▭ 阳

水分　干 ▭▭▭▭▭ 湿

温度　低 ▭▭▭▭▭ 高

※ 简介

叶互生，披针形。花漏斗形，初开时蓝紫色，后渐变为淡蓝色，最后为白色，芳香。

速生树种，由于花开有先后，同一株植物的花常有蓝紫色、淡蓝色和白色而得名。耐修剪。

热带树种，原产美洲热带。

马缨丹（五色梅）

Lantana camara

马鞭草科 马缨丹属

※ 树形及树高

应用　　　　　　　成树

※ 功能及应用

枝叶、花散发气味有驱蚊蝇功效，人体无害

 枝叶及未熟果有毒

● 公园及公共绿地、风景区、道路、海滨、林地、垂直绿化、滨水

● 片植、篱植

※ 观赏时期

月	1	2	3	4	5	6	7	8	9	10	11	12
花												
叶												
实												

※ 区域生长环境

光照　阴 □□□□□□□□□ 阳

水分　干 □□□□□□□□□ 湿

温度　低 □□□□□□□□□ 高

※ 简介

● 半藤状灌木，全株具粗毛，有臭味。叶对生，卵形叶面略皱。花小，初开时黄色或粉红色，渐变为橙黄或橘红色，最后成深红色，几乎全年开花。核果肉质，熟时紫黑色。

● 耐盐碱海滨树种，适应性强。

● 速生树种，扦插或播种繁殖。

● 有黄花、白花、粉花、橙红花、斑叶等品种。

● 热带树种，原产美洲热带。

假连翘（金露花）

Duranta erecta

马鞭草科　假连翘属

※ 树形及树高

3m ———　　　　3m ———

1.5m ———　　　1.5m ———

应用　　　　　　成树

※ 功能及应用

公园及公共绿地、风景区、庭园、道路、建筑环境（含住区）、工矿区、医院、学校、垂直绿化、滨水、屋顶绿化

孤植、篱植、丛植、群植、片植

※ 观赏时期

月	1	2	3	4	5	6	7	8	9	10	11	12
花				▅	▅							
叶	▅	▅	▅	▅	▅	▅	▅	▅	▅	▅	▅	▅
实										▅	▅	

※ 区域生长环境

光照　阴 ▭▭▭▭▭▭ 阳

水分　干 ▭▭▭▭▭▭ 湿

温度　低 ▭▭▭▭▭▭ 高

※ 简介

● 枝细长，拱形下垂，有时具刺。单叶对生，倒卵形，表面有光泽。花淡紫色，高脚碟状。核果肉质，黄色。

● 耐半阴，不耐寒，要求排水良好的土壤。

● 速生树种，根系发达，萌芽力强，耐修剪。

● 扦插或播种繁殖。

● 有金叶、斑叶、大花、白花、矮生、斑叶矮生、白花矮生等品种。

● 热带树种，原产热带美洲。

桂花（木犀）

Osmanthus fragrans

木犀科　木犀属

※ 树形及树高

5m　　3m　　应用　　　　20m　　10m　　成树

※ 功能及应用

 催眠、消除疲劳　　　 抑菌

平喘、缓解头痛、改善心率　　　吸收二氧化硫、氯气、硫化氢

●公园及公共绿地、风景区、庭园、道路、建筑环境（含住区）、工矿区、医院、学校、滨水、屋顶绿化
●孤植、对植、列植、丛植、群植

※ 观赏时期

月	1	2	3	4	5	6	7	8	9	10	11	12
花												
叶												
实												

※ 区域生长环境

光照　阴 ▭ 阳
水分　干 ▭ 湿
温度　低 ▭ 高

※ 简介

●树皮灰色，不裂。单叶对生，长椭圆形，硬革质。花小，淡黄色，浓香。核果卵球形，蓝紫色。
●中生树种，耐半阴，不耐寒，对土壤要求不严，但以排水良好、富含腐殖质的沙质土壤最宜。压条、扦插、嫁接或播种繁殖。减缓噪声，固氮释氧性较强。
●杭州、苏州、桂林的市花。中国传统十大名花之一。传说有"月中有桂树，高五百丈""吴刚伐桂"等故事。有'丹桂'、'金桂'、'银桂'、'四季桂'等品种。
●亚热带树种，原产我国西南部，现各地广为栽培。

四季桂

Osmanthus fragrans 'Semperflorens'

木犀科　木犀属

※ 树形及树高

应用

成树

※ 功能及应用

抗氟化氢、二氧化硫

· 公园及公共绿地、风景区、庭园、道路、建筑环境（含住区）、工矿区、医院、学校、滨水、屋顶绿化
· 孤植、对植、列植、丛植、群植

※ 观赏时期

月	1	2	3	4	5	6	7	8	9	10	11	12
花												
叶												
实												

※ 区域生长环境

光照　阴 ▭ 阳
水分　干 ▭ 湿
温度　低 ▭ 高

※ 简介

花黄白色，有香气，5～9月陆续开放，为桂花栽培品种。

中生树种，一年开花数次，但仍以秋季为主，因此称"四季桂"。耐修剪。

亚热带树种，原产我国西南部，现各地广为栽培。

尖叶木犀榄（锈鳞木犀榄）

Olea europaea ssp. *cuspidata*

木犀科　木犀榄属

※ 树形及树高

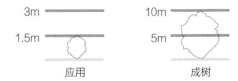

3m		10m	
1.5m		5m	
	应用		成树

※ 功能及应用

●公园及公共绿地、风景区、庭园、道路、建筑环境（含住区）、工矿区、医院、学校、滨水、屋顶绿化
●篱植、列植、丛植、群植

※ 观赏时期

月	1	2	3	4	5	6	7	8	9	10	11	12
花												
叶	■	■	■	■	■	■	■	■	■	■	■	■
实												

※ 区域生长环境

光照　阴 ▭ 阳
水分　干 ▭ 湿
温度　低 ▭ 高

※ 简介

●嫩枝具纵槽，密被锈色鳞片。叶对生，狭披针形，边缘略反卷，表面深绿亮色，背面灰绿色，密生锈色鳞片。花白色。核果小。
●较耐阴，也耐阳光直射，较耐旱，耐水湿，有较强的抗热性和耐寒性，喜微酸性土壤。
●速生树种。
●萌芽力强，耐修剪，宜造型。
●亚热带树种，产云南及四川西部。

小蜡（山指甲）
Ligustrum sinense

木犀科 女贞属

树形及树高

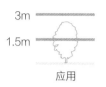

应用　　　　成树

功能及应用

公园及公共绿地、风景区、庭园、道路、海滨、建筑环境（含住区）、工矿区、医院、学校、滨水、屋顶绿化

列植、丛植、群植、篱植

观赏时期

月	1	2	3	4	5	6	7	8	9	10	11	12
花												
叶												
实												

区域生长环境

光照　阴 ▭ 阳
水分　干 ▭ 湿
湿度　低 ▭ 高

简介

- 小枝密生短柔毛。单叶互生，椭圆形。花小，白色，有香味，圆锥花序。
- 喜光，稍耐阴，耐热，较耐寒，耐干旱瘠薄，对土壤适应性强。
- 慢生树种，耐修剪，宜整形。
- 栽培变种有红药小蜡、斑叶小蜡、垂枝小蜡等。
- 亚热带树种，产长江以南各省区。

茉莉（茉莉花）

Jasminum sambac

木犀科　素馨属

※ 树形及树高

应用　　　　　　　　　成树

※ 功能及应用

 镇静、解闷、调节情绪　　 平喘　　 抑

●公园及公共绿地、风景区、庭园、海滨、建筑环境（含住区）、工矿区、医院、学校、滨水、屋顶绿化
●篱植、片植、丛植、群植

※ 观赏时期

月	1	2	3	4	5	6	7	8	9	10	11	12
花												
叶												
实												

※ 区域生长环境

光照　阴 ▭ 阳

水分　干 ▭ 湿

温度　低 ▭ 高

※ 简介

●枝细长呈藤木状。单叶对生，卵圆形，质薄而有光泽，两面无毛。花白色，重瓣，浓香，常 3 朵成聚伞花序。
●喜酸性土壤，不耐寒。
●速生树种，扦插、分株或压条繁殖。
●固碳释氧性强，对人体呼吸系统有挥发保健作用。
●著名香花树种之一。
●热带亚热带树种，原产印度及华南。

鸟尾花（半边黄、十字爵床）
Crossandra infundibuliformis

爵床科　十字爵床属

※ 树形及树高

3m		3m
1.5m		1.5m
应用		成树

※ 功能及应用

● 公园及公共绿地、风景区、庭园、道路、建筑环境（含住区）、工矿区、医院、学校、垂直绿化、滨水、屋顶绿化

● 丛植、片植

※ 观赏时期

月	1	2	3	4	5	6	7	8	9	10	11	12
花												
叶												
实												

※ 区域生长环境

光照	阴		阳
水分	干		湿
温度	低		高

※ 简介

● 茎圆柱形，幼时疏被倒向短柔毛，后变无毛，叶披针形。花橙红色，外密被短柔毛。蒴果长圆形。

● 速生树种，耐阴，不耐寒，喜肥沃疏松排水良好的中性及微酸性土壤。

● 因花朵像鸟的尾巴，故名"鸟尾花"。

● 热带树种，原产印度和斯里兰卡，现世界热带地区广泛栽培。

金脉爵床
Sanchezia speciosa
爵床科 金脉爵床属

※ 树形及树高

应用　　　　　成树

※ 功能及应用

吸收粉尘、辐射，净化空气作用明显。

●公园及公共绿地、风景区、庭园、道路、海滨、建筑环境（含住区）、工矿区、医院、学校、滨水、屋顶绿化
●篱植、丛植、片植

※ 观赏时期

月	1	2	3	4	5	6	7	8	9	10	11	12
花					▬	▬	▬	▬	▬	▬	▬	▬
叶	▬	▬	▬	▬	▬	▬	▬	▬	▬	▬	▬	▬
实												

※ 区域生长环境

光照　阴 ▭ 阳
水分　干 ▭ 湿
温度　低 ▭ 高

※ 简介

●多分枝，常带红晕。叶对生，长椭圆形，深绿色叶脉金黄色，花苞片橙红色，花冠黄色，花萼红褐色。蒴果长圆形。
●速生树种，扦插或分株繁殖。
●热带树种，原产巴西，热带地区广为栽培。

喜花草（可爱花）

Eranthemum pulchellum

爵床科　喜花草属

※ 树形及树高

3m	3m
1.5m	1.5m
应用	成树

※ 功能及应用

● 公园及公共绿地、风景区、庭园、道路、建筑环境（含
住区）、工矿区、医院、学校、湿地、滨水、屋顶绿化

● 片植、丛植

※ 观赏时期

月	1	2	3	4	5	6	7	8	9	10	11	12
花												
叶												
实												

※ 区域生长环境

光照	阴					阳
水分	干					湿
温度	低					高

※ 简介

　小枝四棱形。叶对生，卵圆形。穗状花序，具覆瓦状
苞片绿色带白斑，花萼白色，花冠淡蓝色，高脚碟状。
蒴果棒状。

　速生树种，耐阴，不耐寒，播种或扦插繁殖。

● 热带树种，产印度及我国云南。

小驳骨（驳骨丹）

Gendarussa vulgaris

爵床科　驳骨丹属

※ 树形及树高

3m ——　　　　　　3m ——

1.5m ——　　　　　1.5m ——

应用　　　　　　　　成树

※ 功能及应用

吸收氟化氢

●公园及公共绿地、风景区、庭园、道路、建筑环境（含住区）、工矿区、医院、学校、滨水
●篱植、片植

※ 观赏时期

月	1	2	3	4	5	6	7	8	9	10	11	12
花												
叶												
实												

※ 区域生长环境

光照　阴 ☐☐☐☐☐ 阳
水分　干 ☐☐☐☐☐ 湿
温度　低 ☐☐☐☐☐ 高

※ 简介

●嫩枝常紫色。叶对生，狭披针形。花冠二唇形，花白色或粉红色，有紫斑，花多而密，穗状花序。蒴果无毛。
●速生树种，不耐霜冻，忌强光，耐阴。
●有银叶驳骨丹等品种。
●药用可治风邪和跌打损伤，调酒服有舒筋活络之效，因而也叫"驳骨丹"。
●热带树种，产亚洲热带地区。

虾衣花（红虾花、麒麟吐珠）
Calliaspidia guttata
爵床科　麒麟吐珠属

※ 树形及树高

3m ──────────　　　3m ──────────

1.5m ──────────　　1.5m ──────────

　　　応用　　　　　　　　成树

※ 功能及应用

◯ 公园及公共绿地、风景区、庭园、建筑环境（含住
宅区）、工矿区、医院、学校、滨水
● 丛植、片植

※ 观赏时期

月	1	2	3	4	5	6	7	8	9	10	11	12
花												
叶												
实												

※ 区域生长环境

光照　阴 ☐☐☐☐☐☐ 阳

水分　干 ☐☐☐☐☐☐ 湿

温度　低 ☐☐☐☐☐☐ 高

※ 简介

● 茎较细弱，密被细毛。叶对生，卵形，有柔毛。苞片
心形，红棕色至黄绿色，花冠二唇形，白色，有紫红色
斑，几乎全年开花，顶生穗状花序。
　速生树种，喜光但忌阳光直射，耐阴，不耐寒，不耐旱，
喜疏松肥沃及排水良好的中性及微酸性土壤，扦插繁殖。
● 栽培变种有黄苞虾衣花。
　热带树种，原产墨西哥。

金苞花(金苞爵床、黄虾花)
Pachystachys lutea
爵床科 金苞花属

※ 树形及树高

应用　　　　　　　　成树

※ 功能及应用

● 公园及公共绿地、风景区、庭园、建筑环境(含住区)、工矿区、医院、学校、滨水
● 丛植、片植

※ 观赏时期

月	1	2	3	4	5	6	7	8	9	10	11	12
花												
叶												
实												

※ 区域生长环境

光照　阴 ▭ 阳
水分　干 ▭ 湿
温度　低 ▭ 高

※ 简介

● 多分枝,无毛。叶对生,长卵形,亮绿色。苞片心形金黄色,排成4列花。冠白色,管状二唇形,伸出苞片,穗状花序顶生。
● 速生树种,扦插繁殖。
● 茎顶生出穗状花序,金黄色苞片层层叠叠,并伸出白色小花,形似虾体,故名"黄虾花"。
● 热带树种,原产南美秘鲁,热带地区广泛栽培。

栀子花
Gardenia jasminoides
茜草科 栀子属

※ 树形及树高

3m ～～～～～～	3m ～～～～～～
1.5m ～～～～	1.5m ～～～～
应用	成树

※ 功能及应用

- 公园及公共绿地、风景区、庭园、道路、建筑环境（含住区）、工矿区、医院、学校、滨水
- 丛植、片植、篱植

※ 观赏时期

月	1	2	3	4	5	6	7	8	9	10	11	12
花					▨	▨	▨					
叶	▨	▨	▨	▨	▨	▨	▨	▨	▨	▨	▨	▨
实												

※ 区域生长环境

光照	阴 ▭▭▭▭▭ 阳
水分	干 ▭▭▭▭▭ 湿
温度	低 ▭▭▭▭▭ 高

※ 简介

- 单叶对生或 3 叶轮生，倒卵状长椭圆形，无毛，革质，有光泽。花白色，高脚碟状，单生，浓香。浆果 5 ～ 7 纵棱，熟时黄色转橘红色。
- 中生树种，喜肥沃湿润的酸性土，耐阴，不耐寒，扦插、压条或分株繁殖。
- 园艺品种'玉荷花''大花栀子'等。
- 亚热带树种，产我国长江以南至华南地区。

六月雪
Serissa japonica
茜草科 六月雪属

※ 树形及树高

3m	3m
1.5m	1.5m
应用	成树

※ 功能及应用

● 公园及公共绿地、风景区、庭园、道路、建筑环境（含住区）、工矿区、医院、学校、垂直绿化、滨水、屋顶绿化
● 篱植、片植

※ 观赏时期

月	1	2	3	4	5	6	7	8	9	10	11	12
花				▨	▨	▨	▨	▨	▨	▨		
叶	▨	▨	▨	▨	▨	▨	▨	▨	▨	▨	▨	▨
实												

※ 区域生长环境

光照	阴 ▨▨▨▨▨▨▨▨ 阳
水分	干 ▨▨▨▨▨▨▨▨ 湿
温度	低 ▨▨▨▨▨▨▨▨ 高

※ 简介

● 枝密生，单叶对生或簇生，狭椭圆形，革质。花小，白色，漏斗状，单生或簇生。
● 速生树种，喜微酸性土壤，不耐寒。萌芽力强，耐修剪，易造型。扦插或分株繁殖。
● 花小，色白，叶浓，盛花期犹如白色的雪片散落在绿叶丛中，故名"六月雪"。
● 有'金边'六月雪、'斑叶'六月雪、'重瓣'六月雪、'粉花'六月雪等园艺品种。
● 亚热带树种，原产日本及我国。

龙船花（仙丹花）

Ixora chinensis

茜草科 龙船花属

※ 树形及树高

3m	3m
1.5m	1.5m
应用	成树

※ 功能及应用

公园及公共绿地、风景区、庭园、道路、海滨、建筑环境（含住区）、工矿区、医院、学校、垂直绿化、滨水、屋顶绿化

篱植、片植

※ 观赏时期

月	1	2	3	4	5	6	7	8	9	10	11	12
花				▬	▬	▬	▬	▬	▬	▬		
叶	▬	▬	▬	▬	▬	▬	▬	▬	▬	▬	▬	▬
实												

※ 区域生长环境

光照	阴 ▭ 阳
水分	干 ▭ 湿
温度	低 ▭ 高

※ 简介

● 单叶对生，倒卵状长椭圆形。花红色至橙色，高脚碟状，成顶生的伞房花序，形似绣球。浆果近球形，熟时暗红色。

● 不耐寒，喜排水良好而富含有机质的沙壤土。

● 慢生树种，耐修剪，易造型，低维护。

● 开花密集，花色丰富，有红、橙、黄、白、双色等品种。

● 热带树种，原产亚洲热带，缅甸国花。

红叶金花（红纸扇）

Mussaenda erythrophylla

茜草科 玉叶金花属

※ 树形及树高

※ 功能及应用

●公园及公共绿地、风景区、庭园、道路、海滨、建筑环境（含住区）、工矿区、医院、学校、垂直绿化、滨水、屋顶绿化

●篱植、片植、丛植

※ 观赏时期

月	1	2	3	4	5	6	7	8	9	10	11	12
花						■	■	■	■	■		
叶	■	■	■	■	■	■	■	■	■	■	■	■
实												

※ 区域生长环境

光照 阴 ▭▭▭▭▭ 阳

水分 干 ▭▭▭▭▭ 湿

温度 低 ▭▭▭▭▭ 高

※ 简介

●枝条密被棕色长柔毛。叶对生或轮生，广卵形，两面密被棕色长柔毛。花萼 5 枚，其中一片扩大成叶状，鲜红色；花冠筒部红色，展开裂片白色，喉部红色，伞房状聚伞花序顶生。

●中生树种，不耐干旱和寒冷，对土壤要求不严。

●叶状萼片除鲜红色外，还有粉红、橙红、肉粉、浅粉等品种。

●热带树种，原产热带西非，热带地区广泛栽培。

希茉莉（长隔木）
Hamelia patens
茜草科 长隔木属

※ 树形及树高

应用

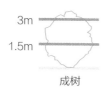

成树

※ 功能及应用

公园及公共绿地、风景区、庭园、道路、海滨、林地、建筑环境（含住区）、工矿区、医院、学校、垂直绿化、湿地、滨水、屋顶绿化
● 片植、孤植、丛植、群植

※ 观赏时期

月	1	2	3	4	5	6	7	8	9	10	11	12
花												
叶												
实												

※ 区域生长环境

光照　阴 ▭ 阳
水分　干 ▭ 湿
温度　低 ▭ 高

※ 简介

● 枝开展下垂。叶 3 ～ 4 枚轮生，倒卵状椭圆形，两面有毛。花红色或橙红色，管状，顶生聚伞花序。浆果卵球形，暗红或紫色。
● 耐半阴，不耐寒。
● 速生树种，耐修剪，播种或扦插繁殖。
● 花美丽密集，花期长。
● 热带树种，原产美国佛罗里达州、西印度群岛、南至波利维亚和巴拉圭。

芙蓉菊
Crossostephium chinense
菊科 芙蓉菊属

※ 树形及树高

3m   3m

1.5m   1.5m

应用   成树

※ 功能及应用

●公园及公共绿地、风景区、庭园、建筑环境（含住区）、工矿区、医院、学校、垂直绿化、滨水、屋顶绿化
●丛植、片植

※ 观赏时期

月	1	2	3	4	5	6	7	8	9	10	11	12
花				▬	▬	▬		▬	▬			
叶	▬	▬	▬	▬	▬	▬	▬	▬	▬	▬	▬	▬
实												

※ 区域生长环境

光照   阴 ▭▭▭▭▭▭ 阳
水分   干 ▭▭▭▭▭▭ 湿
温度   低 ▭▭▭▭▭▭ 高

※ 简介

●上部多分枝，密被灰色短柔毛。叶狭倒披针形，两面密被灰色短柔毛，质地厚。头状花序小，黄色，排成有叶的总状花序。
●中生树种，株形紧凑，叶片银白似雪。
●热带及亚热带树种，产我国中南及东南部（广东、台湾），中南地区时有栽培，中南半岛、菲律宾、日本也有栽培。

旅人蕉
Ravenala madagascariensis
旅人蕉科　旅人蕉属

树形及树高

应用

成树

功能及应用

公园及公共绿地、风景区、庭园、建筑环境（含住宅）、工矿区、医院、学校、滨水

孤植、丛植、群植、片植

观赏时期

月	1	2	3	4	5	6	7	8	9	10	11	12
花												
叶												
实												

区域生长环境

光照　阴 ▭ 阳
水分　干 ▭ 湿
温度　低 ▭ 高

简介

茎直立，常丛生。叶大型，折扇状，叶片长椭圆形。花白色，蝎尾状聚伞花序腋生。蒴果木质。

速生树种，要求排水良好的沙质土壤，深根性，根部固水能力强。栽植时注意叶子排列方向以便于观赏。

传闻在马达加斯加当地旅行人口渴时，用小刀戳穿叶基部得水而饮，因而称为"旅人蕉"。

"国际植物园保护联盟（BGCI）"图标。

热带及亚热带树种，原产非洲马达加斯加，热带及暖亚热带各地有栽培。

象脚丝兰（巨丝兰、荷兰铁）

Yucca elephantipes

百合科　丝兰属

※ 树形及树高

应用　　　　　　成树

※ 功能及应用

吸收二氧化碳、氟化氢、氯气、氨气等有害气体

● 公园及公共绿地、风景区、庭园、道路、海滨、建筑
环境（含住区）、工矿区、医院、学校、滨水
● 孤植、群植、丛植

※ 观赏时期

月	1	2	3	4	5	6	7	8	9	10	11	12
花												
叶												
实												

※ 区域生长环境

光照　阴 ▭ 阳

水分　干 ▭ 湿

温度　低 ▭ 高

※ 简介

● 常于基部分枝，干粗而圆，颇似大象腿。叶剑形，边
缘粗糙，深绿色，革质，坚挺。花白色或淡黄白色，圆
锥花序。
● 中生树种，较耐寒，耐旱，耐阴，喜肥沃疏松排水良
好的沙质土壤。
● 茎干肥大奇特，剑叶四季常绿。
● 园艺品种有斑叶象脚丝兰。
● 热带树种，原产墨西哥及危地马拉。

酒瓶兰

Nolina recurvata

百合科 酒瓶兰属

树形及树高

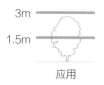

应用　　　　　　　成树

功能及应用

公园及公共绿地、风景区、庭园、道路、建筑环境（含住区）、工矿区、医院、学校、屋顶绿化

丛植、列植、群植

观赏时期

月	1	2	3	4	5	6	7	8	9	10	11	12
花												
叶												
实												

区域生长环境

光照　阴 ▭▭▭▭▭ 阳

水分　干 ▭▭▭▭▭ 湿

湿度　低 ▭▭▭▭▭ 高

简介

茎不分枝，基部特别膨大，形似酒瓶，老株干皮龟裂，状如龟甲，颇具特色。叶线状披针形，蓝绿色或灰绿色，向下弯垂。花小，黄白色，圆锥花序。

中生树种，越冬温度要在 7℃以上，耐干旱。

茎直立，基部膨大呈球状，上聚缩成直立的圆柱状，似酒瓶，故名"酒瓶兰"。

热带树种，原产墨西哥，世界热带地区多有栽培。

龙血树（非洲龙血树）

Dracaena draco

百合科　龙血树属

※ 树形及树高

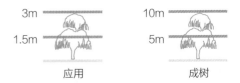

3m		10m	
1.5m		5m	
应用		成树	

※ 功能及应用

●公园及公共绿地、风景区、庭园、道路、海滨、建筑环境（含住区）、工矿区、医院、学校、滨水、屋顶绿化

●孤植、丛植和群植

※ 观赏时期

月	1	2	3	4	5	6	7	8	9	10	11	12
花												
叶	▬	▬	▬	▬	▬	▬	▬	▬	▬	▬	▬	▬
实												

※ 区域生长环境

光照	阴	阳
水分	干	湿
温度	低	高

※ 简介

●单干，多分枝。叶通常剑形，革质，较直硬，灰绿色基部抱茎。花小，黄绿色。浆果橙色。

●耐盐碱海滨树种，喜排水良好、富含腐殖质的土壤。耐干旱和高温，较耐寒。

●慢生树种，寿命极长。

●茎干受到损伤时，会留出深红色像血浆一样的黏液，传说中被认为是龙血，因此得名"龙血树"。

●热带树种，原产非洲加那利群岛。

香龙血树（巴西木、巴西铁）

Dracaena fragrans

百合科　龙血树属

※ 树形及树高

3m ———————————

1.5m ———————————

应用

5m ———————————

3m ———————————

成树

※ 功能及应用

● 公园及公共绿地、风景区、庭园、建筑环境（含住宅）、工矿区、医院、学校、滨水

　片植、丛植、群植

※ 观赏时期

月	1	2	3	4	5	6	7	8	9	10	11	12
花												
叶												
实												

※ 区域生长环境

光照　阴 □□□□□□ 阳

水分　干 □□□□□□ 湿

温度　低 □□□□□□ 高

※ 简介

● 叶集生茎端，狭长椭圆形，绿色，革质。花淡黄色，芳香。

● 速生树种，耐阴，忌干燥，喜疏松、排水良好的沙质土，喜通风良好环境。

● 有金心、金边、黄边、银边、金叶等园艺品种。

● 高低错落的种植，枝叶生长层次分明，有"步步高升"寓意。

● 热带树种，原产非洲几内亚和阿尔及利亚。

马尾铁（红边千年木、三色千年木）
Dracaena marginata
百合科　龙血树属

※ 树形及树高

3m ▬▬▬	10m ▬▬▬
1.5m 🌿	5m 🌿
应用	成树

※ 功能及应用

● 公园及公共绿地、风景区、庭园、道路、建筑环境（含住区）、工矿区、医院、学校、垂直绿化、滨水
● 片植、丛植、群植

※ 观赏时期

月	1	2	3	4	5	6	7	8	9	10	11	12
花												
叶												
实												

※ 区域生长环境

光照　阴 ▭▭▭▭▭ 阳

水分　干 ▭▭▭▭▭ 湿

温度　低 ▭▭▭▭▭ 高

※ 简介

● 具明显主枝和多数分枝，茎圆，布满环状叶痕。叶狭带状剑形，灰绿色，叶边紫红色，新叶硬直向上伸展，老叶悬垂状。花小，白色，圆锥花序。
● 速生树种，忌烈日暴晒，耐阴，耐旱，喜微酸性沙质土壤。
● 栽培容易。
● 有'三色'马尾铁、'彩虹'马尾铁、'二色'马尾铁等品种。
● 热带树种，原产马达加斯加岛。

朱蕉
Cordyline fruticosa
百合科 朱蕉属

※ 树形及树高

3m		3m
1.5m		1.5m
应用		成树

※ 功能及应用

公园及公共绿地、风景区、庭园、道路、建筑环境
（含住区）、工矿区、医院、学校、垂直绿化、屋顶绿化
片植、丛植

※ 观赏时期

月	1	2	3	4	5	6	7	8	9	10	11	12
花												
叶												
实												

※ 区域生长环境

光照　阴 ▭ 阳

水分　干 ▭ 湿

温度　低 ▭ 高

※ 简介

● 速生树种，单干少分枝。单叶互生，披针状长椭圆形，
叶片绿色或染紫红色。花管状，总状花序组成的顶生圆
锥花序。

● 耐半阴，喜肥沃而排水良好的土壤，不耐寒，扦插
繁殖。

● 常见的园艺品种有：'亮叶'朱蕉、'彩叶'朱蕉、'斜
纹'朱蕉、'翡翠'朱蕉、'绿叶'朱蕉、'银边翠绿'朱
蕉、'银边狭叶'朱蕉等。

● 热带树种，产喜马拉雅山脉东部至华南及南洋群岛。

剑麻
Agave sisalana
龙舌兰科 龙舌兰属

※ 树形及树高

应用　　　　　　成树

※ 功能及应用

- 公园及公共绿地、风景区、道路、工厂
- 孤植、片植、丛植、群植

※ 观赏时期

月	1	2	3	4	5	6	7	8	9	10	11	12
花												
叶												
实												

※ 区域生长环境

光照　阴 ▭ 阳
水分　干 ▭ 湿
温度　低 ▭ 高

※ 简介

- 茎短粗。叶呈莲座式排列，刚直，肉质，剑形，初被白霜，后渐脱落而成深蓝绿色。花黄绿色，有浓烈气味大型圆锥花序。蒴果长圆形。花后一般植物本体会死亡。
- 速生树种，耐瘠薄，耐旱，怕水涝，不耐寒，喜疏松排水良好的沙质土。
- 对重金属铅有很强的吸收性，可用于生态重建，剑麻与石灰结合对重金属镉重度污染的土壤具有一定修复功能。
- 有金边品种。
- 热带树种，原产墨西哥。

红刺露兜树
Pandanus utilis
露兜树科　露兜树属

※ 树形及树高

应用

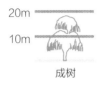

成树

※ 功能及应用

公园及公共绿地、风景区、道路、海滨、建筑环境
（含住区）、工矿区、医院、学校、滨水

孤植、群植、丛植

※ 观赏时期

月	1	2	3	4	5	6	7	8	9	10	11	12
花												
叶												
实												

※ 区域生长环境

光照　阴 ▭ 阳
水分　干 ▭ 湿
温度　低 ▭ 高

※ 简介

● 树干光滑，螺纹状叶痕明显，下部有多数粗壮的支柱根，茎有分枝。叶革质，密生分枝顶端，叶缘有红色尖刺，背面苍白色。聚花果圆球形。

● 性强健，耐阴，不耐寒，耐水湿。

● 速生树种。

● 主干基部有粗大且直立的支柱根，远望酷似章鱼的脚，因此有红章鱼树的别名。

● 热带树种，原产马达加斯加，现热带地区广泛栽培。

梅

Prunus mume

蔷薇科 李属

※ 树形及树高

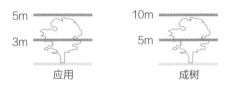

5m	10m
3m	5m
应用	成树

※ 功能及应用

● 公园及公共绿地、风景区、庭园、建筑环境（含住区）、工矿区、医院、学校、屋顶绿化
● 孤植、群植

※ 观赏时期

月	1	2	3	4	5	6	7	8	9	10	11	12
花	■	■										■
叶			■	■	■	■	■	■	■	■		
实												

※ 区域生长环境

光照　阴 [　　　　　　　] 阳
水分　干 [　　　　　　　] 湿
温度　低 [　　　　　　　] 高

※ 简介

● 小枝细长，绿色光滑。单叶互生，卵形，无毛。花粉色、白色或红色等，芳香。果球形，熟时黄色。
● 速生树种，耐寒性不强，较耐干旱，不耐涝。
● 寿命长，有数百年古梅。
● 中国十大名花之首，与兰花、竹、菊花一起列为四君子，与松、竹并称为"岁寒三友"。
● 在中国传统文化中，梅以它的高洁、坚强、谦虚的品格，给人以立志奋发的激励。品种较多，有绿萼、宫粉、朱砂、重枝等 300 余个品种类群。
● 亚热带及暖温带树种，原产我国西南部地区。

钟花樱（寒绯樱、福建山樱花）
Prunus campanulata
蔷薇科 李属

※ 树形及树高

应用

成树

※ 功能及应用

- 公园及公共绿地、风景区、庭园、道路、建筑环境（含住区）、工矿区、医院、学校、滨水、屋顶绿化
- 孤植、列植、群植、片植和丛植

※ 观赏时期

月	1	2	3	4	5	6	7	8	9	10	11	12
花	██	██	██									
叶			██	██	██	██	██	██	██	██		
实												

※ 区域生长环境

光照　阴 ▭▭▭▭▭▭▭ 阳
水分　干 ▭▭▭▭▭▭▭ 湿
温度　低 ▭▭▭▭▭▭▭ 高

※ 简介

- 树皮茶褐色，有光泽，小枝无毛。单叶互生，卵状椭圆形。花绯红色，4～5朵成伞形花序。果卵球形，熟时红色。
- 速生树种，稍耐阴，不耐寒，要求深厚肥沃排水良好的土壤。
- 亚热带树种，产我国福建、台湾地区。

金凤花（洋金凤、红蝴蝶）
Caesalpinia pulcherrima
苏木科 苏木属

※ 树形及树高

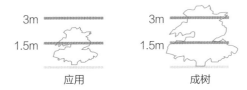

应用　　　　成树

※ 功能及应用

●公园及公共绿地、风景区、庭园、道路、林地、建筑环境（含住区）、工矿区、医院、学校、滨水
●丛植、群植、片植

※ 观赏时期

月	1	2	3	4	5	6	7	8	9	10	11	12
花	▨	▨	▨	▨	▨	▨	▨	▨	▨	▨	▨	▨
叶			▨	▨	▨	▨	▨	▨	▨	▨	▨	▨
实												

※ 区域生长环境

光照　阴 ▭▭▭▭▭▭ 阳
水分　干 ▭▭▭▭▭▭ 湿
温度　低 ▭▭▭▭▭▭ 高

※ 简介

●二回偶数羽状复叶互生，小叶椭圆形。花橙红色或黄色，顶生伞房状的总状花序。荚果扁条形。
●速生树种，喜排水良好、适度湿润而富含腐殖质的沙质土壤，不耐寒，对风及空气污染抵抗力差，播种或扦插繁殖。
●花形宛如一只正在飞翔的凤凰，花色艳丽绚烂。
●广东省汕头市的市花。
●热带树种，原产热带美洲，世界热带地区广为栽培。

龙牙花（美洲刺桐）

Erythrina corallodendron

蝶形花科　刺桐属

※ 树形及树高

应用　　　　　　　成树

※ 功能及应用

● 公园及公共绿地、风景区、庭园、道路、海滨、建筑环境（含住区）、工矿区、医院、学校、滨水
● 孤植、列植、丛植 、群植

※ 观赏时期

月	1	2	3	4	5	6	7	8	9	10	11	12
花			▬	▬	▬							
叶		▬	▬	▬	▬	▬	▬					
实												

※ 区域生长环境

光照　阴 ▭▭▭▭▭▭ 阳

水分　干 ▭▭▭▭▭▭ 湿

温度　低 ▭▭▭▭▭▭ 高

※ 简介

● 3 小叶，无毛，顶生小叶菱状卵形，叶柄及叶轴有皮刺。花深红色，总状花序腋生。荚果圆柱形。种子深红色。
● 中生树种，耐半阴，喜高温，颇耐寒，喜湿润、疏松土壤。
● 花朵鲜红艳丽，代表"喜庆"，花形如象牙，代表"吉祥"。
● 热带树种，原产热带美洲，是阿根廷国花。

鸡冠刺桐（巴西刺桐）

Erythrina crista-galli

蝶形花科 刺桐属

※ 树形及树高

应用　　　　　　成树

※ 功能及应用

●公园及公共绿地、风景区、庭园、道路、海滨、建筑环境（含住区）、工矿区、医院、学校、滨水

●孤植、列植、丛植 、群植

※ 观赏时期

月	1	2	3	4	5	6	7	8	9	10	11	12
花				■	■	■	■	■	■	■		
叶			■	■	■	■	■	■	■	■	■	
实												

※ 区域生长环境

光照	阴	阳
水分	干	湿
温度	低	高

※ 简介

●枝条、叶柄叶脉上有刺，三出羽状复叶，小叶卵形。花红色或橙红色，旗瓣最大，盛开时佛焰苞状，总状花序。荚果木质。

●中生树种，生性强健，抗盐碱，耐旱，耐贫瘠。

●花色有鲜红、橙红、浅红及外白内红等品种。

●因旗瓣状似鸡冠，故名"鸡冠刺桐"。

●亚热带树种，原产巴西南部及阿根廷北部。

石榴（安石榴）
Punica granatum
石榴科 石榴属

※ 树形及树高

应用

成树

※ 功能及应用

吸收二氧化硫、氯气、臭氧、二氧化氮、硫化氢、二硫化碳

●公园及公共绿地、风景区、庭园、道路、林地、建筑环境（含住区）、工矿区、医院、学校、滨水、屋顶绿化
●孤植、列植、丛植、群植

※ 观赏时期

月	1	2	3	4	5	6	7	8	9	10	11	12
花												
叶												
实												

※ 区域生长环境

光照　阴 ▭ 阳
水分　干 ▭ 湿
温度　低 ▭ 高

※ 简介

●枝常有刺。单叶对生或簇生，长椭圆状披针形，亮绿色，红花品种新叶发红无毛。花萼钟状，厚质，红色或暗红色，花橙红色或黄色。浆果球形，古铜黄色或古铜红色。种子具肉质外皮，汁多可食。
●速生树种，有一定耐寒能力，喜肥沃湿润排水良好土壤，不适于山区栽培。播种或扦插繁殖。诱蝶。
●有'月季'石榴、'白花'石榴等园艺品种。
●热带、亚热带、温带树种，原产伊朗和阿富汗等中亚地区。

余甘子
Phyllanthus emblica
大戟科　叶下珠属

※ 树形及树高

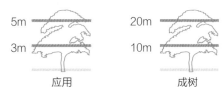

5m		20m	
3m		10m	
应用		成树	

※ 功能及应用

● 公园及公共绿地、风景区、庭园、道路、建筑环境（含住区）、工矿区、医院、学校、滨水

● 孤植、列植、丛植、群植

※ 观赏时期

月	1	2	3	4	5	6	7	8	9	10	11	12
花												
叶		■	■	■	■	■	■	■	■	■		
实												

※ 区域生长环境

光照　阴 [　　　　　　　　] 阳
水分　干 [　　　　　　　　] 湿
温度　低 [　　　　　　　　] 高

※ 简介

● 小枝细，被锈色短柔毛，落叶时整个小枝脱落。单叶互生，狭长矩圆形，无毛，在枝上呈二列状。花小，3～6朵簇生叶腋。蒴果球形，外果皮肉质，干时开裂。

● 喜酸性土壤，耐旱耐瘠薄，适应性强。

● 慢生树种，萌芽力强，根系发达，可保持水土。

● 果实初食味道酸涩，良久乃甘，故名"余甘子"。

● 热带树种，产亚洲南部和东南部。

鸡蛋花（缅栀）

Plumeria rubra 'Acutifolia'
夹竹桃科 鸡蛋花属

※ 树形及树高

应用

成树

※ 功能及应用

 有利于呼吸系统　　 止咳、平喘、祛痰　　 吸收氟化氢

● 公园及公共绿地、风景区、庭园、道路、海滨、建筑环境（含住区）、工矿区、医院、学校、滨水、屋顶绿化
● 孤植、列植、丛植、群植

※ 观赏时期

月	1	2	3	4	5	6	7	8	9	10	11	12
花												
叶												
实												

※ 区域生长环境

光照	阴		阳
水分	干		湿
温度	低		高

※ 简介

● 枝粗肥多肉，三叉状分枝，有乳汁。单叶互生，倒卵状长椭圆形。花白色，里面基部黄色，芳香。蓇葖果。
● 速生树种，耐干旱，不耐寒冷。
● 广东省肇庆市市花。
● 正种红鸡蛋花，还有黄鸡蛋花、三色鸡蛋花等品种。
● 热带树种，原产热带美洲。

赪桐

Clerodendrum japonicum

马鞭草科　赪桐属

※ 树形及树高

3m	3m
1.5m	1.5m
应用	成树

※ 功能及应用

● 公园及公共绿地、风景区、庭园、道路、建筑环境（含住区）、工矿区、医院、学校、滨水、屋顶绿化
● 片植、丛植

※ 观赏时期

月	1	2	3	4	5	6	7	8	9	10	11	12
花					■	■	■	■	■	■	■	
叶				■	■	■	■	■	■	■	■	
实												

※ 区域生长环境

光照	阴	阳
水分	干	湿
温度	低	高

※ 简介

● 叶对生，广卵形或心形。花红色，顶生聚伞圆锥花序。
● 中生树种，分株、根插或播种繁殖。
● 大型红色花序鲜艳夺目，花期持久。
● 有白花赪桐品种。
● 热带及亚热带树种，产中国南部，日本、印度、马来西亚和中南半岛有分布。

棕榈

Trachycarpus fortunei

棕榈科　棕榈属

※ 树形及树高

应用

成树

※ 功能及应用

吸收二氧化硫、氯气、氟化氢

● 公园及公共绿地、风景区、庭园、道路、建筑环境（含住区）、工矿区、医院、学校、滨水

● 列植、丛植、片植、群植

※ 观赏时期

月	1	2	3	4	5	6	7	8	9	10	11	12
花												
叶												
实												

※ 区域生长环境

光照　阴 ▭ 阳

水分　干 ▭ 湿

温度　低 ▭ 高

※ 简介

● 常绿乔木，茎单生，圆柱形，不分枝。叶簇生茎端，掌状深裂至中部以下。花小，鲜黄色，单性异株，圆锥花序。

● 稍耐阴，不耐寒，抗烟尘。

● 慢生树种。

● 亚热带树种，原产中国，长江流域及其以南地区栽培。

蒲葵
Livistona chinensis
棕榈科　蒲葵属

※ 树形及树高

应用　　　　　　成树

※ 功能及应用

吸收氯气、氟化氢、粉尘

●公园及公共绿地、风景区、庭园、道路、海滨、建筑环境（含住区）、工矿区、医院、学校、滨水
●列植、丛植、片植、群植

※ 观赏时期

月	1	2	3	4	5	6	7	8	9	10	11	12
花												
叶	██	██	██	██	██	██	██	██	██	██	██	██
实												

※ 区域生长环境

光照　阴 ▭▭▭▭▭ 阳
水分　干 ▭▭▭▭▭ 湿
温度　低 ▭▭▭▭▭ 高

※ 简介

●常绿乔木，外形似棕榈，区别为叶裂较浅，裂片先端二裂并柔软下垂。
●不耐寒，抗风，抗大气污染。
●慢生树种，寿命较长。
●大型叶片可制蒲扇。
●亚热带树种，原产华南地区。

霸王棕（俾斯麦棕）
Bismarckia nobilis
棕榈科 霸王棕属

※ 树形及树高

应用

成树

※ 功能及应用

● 公园及公共绿地、风景区、庭园、道路、海滨、建筑环境（含住区）、工矿区、医院、学校、滨水
● 孤植、对植、列植、群植、丛植、片植

※ 观赏时期

月	1	2	3	4	5	6	7	8	9	10	11	12
花												
叶												
实												

※ 区域生长环境

光照 阴 ▭ 阳
水分 干 ▭ 湿
温度 低 ▭ 高

※ 简介

● 常绿乔木，茎单生，光滑，灰绿色，基部稍膨大。叶片巨大，掌状裂，蜡质，蓝灰色。花红褐色，雌雄异株，雄花序具 4～7 红褐色小花轴，雌花序较长而粗。果实球形，褐色。
● 喜排水良好环境，耐旱。
● 速生树种。
● 绿色型变种适合在滨海或气候较凉地区种植。
● 热带及亚热带树种，原产非洲马达加斯加西部，热带及亚热带地区广泛栽培。

丝葵（加州蒲葵、老人葵）

Washingtonia filifera

棕榈科　丝葵属

※ 树形及树高

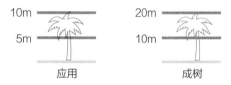

10m		20m	
5m		10m	
	应用		成树

※ 功能及应用

● 公园及公共绿地、风景区、庭园、道路、海滨、建筑环境（含住区）、工矿区、医院、学校、滨水

● 孤植、对植、列植、群植、丛植、片植

※ 观赏时期

月	1	2	3	4	5	6	7	8	9	10	11	12
花												
叶	■	■	■	■	■	■	■	■	■	■	■	■
实												

※ 区域生长环境

光照　阴 ▢▢▢▢▢ 阳
水分　干 ▢▢▢▢▢ 湿
温度　低 ▢▢▢▢▢ 高

※ 简介

● 常绿乔木，茎单生。叶大型，掌状中裂，裂片边缘有垂挂丝状纤维。花小，乳白色，肉穗状花序。浆果状核果球形。

● 适应性较强，较耐寒，耐旱，耐瘠薄。

● 速生树种。

● 老叶干枯后在干端叶丛下垂而不落，远看像老人的胡子，故得"老人葵"之名。

● 热带及亚热带树种，原产美国加利福尼亚州。

大丝葵（墨西哥蒲葵）
Washingtonia robusta

棕榈科　丝葵属

※ 树形及树高

10m / 5m　应用

20m / 10m　成树

※ 功能及应用

公园及公共绿地、风景区、庭园、道路、海滨、建筑环境（含住区）、工矿区、医院、学校、滨水
● 孤植、对植、列植、群植、丛植、片植

※ 观赏时期

月	1	2	3	4	5	6	7	8	9	10	11	12
花												
叶												
实												

※ 区域生长环境

光照　阴 ▭ 阳
水分　干 ▭ 湿
温度　低 ▭ 高

※ 简介

● 常绿乔木，茎干较丝葵细。叶较小，亮绿色，裂片的丝状纤维仅见于幼龄植株，先端通常不下垂。
● 速生树种，本种比丝葵耐寒性稍强，生长更高，耐热又耐寒，抗风性强，忌积水，喜通透性较好的沙质土。
● 树冠层次分明，叶边缘下垂的丝状纤维形成的叶裙极长，能给人历经沧桑、万古长青之感。
● 热带树种，原产墨西哥北部。

棕竹（筋头竹）
Rhapis excelsa
棕榈科　棕竹属

※ 树形及树高

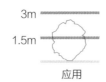
应用

成树

※ 功能及应用

吸收二氧化碳

- 公园及公共绿地、风景区、庭园、道路、建筑环境（含住区）、工矿区、医院、学校、滨水
- 丛植、群植、片植

※ 观赏时期

月	1	2	3	4	5	6	7	8	9	10	11	12
花												
叶												
实												

※ 区域生长环境

光照　阴 ▢▢▢▢▢▢▢▢ 阳
水分　干 ▢▢▢▢▢▢▢▢ 湿
温度　低 ▢▢▢▢▢▢▢▢ 高

※ 简介

- 常绿丛生灌木，干细而有节，色绿如竹叶，5～10掌状深裂，叶柄顶端的小戟突常半圆形。浆果球形。
- 速生树种，极耐阴，忌阳光直射，不耐寒，喜湿润排水良好、富含腐殖质的酸性土壤，喜通风良好环境。
- 叶掌状深裂，叶形清秀，株丛饱满，似竹非竹。
- 品种有花叶棕竹。
- 亚热带树种，产中国华南及西南地区。

细叶棕竹（矮棕竹）
Rhapis humilis
棕榈科 棕竹属

※ 树形及树高

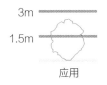

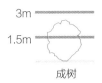

应用　　　　成树

※ 功能及应用

● 公园及公共绿地、风景区、庭园、道路、建筑环境（含住区）、工矿区、医院、学校、滨水
● 丛植、群植、片植

※ 观赏时期

月	1	2	3	4	5	6	7	8	9	10	11	12
花												
叶												
实												

※ 区域生长环境

光照	阴		阳
水分	干		湿
温度	低		高

※ 简介

● 外形与棕竹相似，叶掌状 7 ～ 20 深裂，裂片狭长，叶柄顶端小戟突常三角形。
● 速生树种，喜湿润酸性土，在碱性土中叶片发黄，不抽新叶，不耐寒。
● 亚热带树种，产中国西南及华南地区。

多裂棕竹（金山棕竹）

Rhapis mutifida

棕榈科　棕竹属

※ 树形及树高

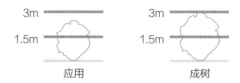

3m　　　　　　3m
1.5m　　　　　1.5m
应用　　　　　成树

※ 功能及应用

● 公园及公共绿地、风景区、庭园、道路、建筑环境（住区）、工矿区、医院、学校、滨水
● 丛植、群植、片植

※ 观赏时期

月	1	2	3	4	5	6	7	8	9	10	11	12
花												
叶												
实												

※ 区域生长环境

光照　阴 ▭ 阳
水分　干 ▭ 湿
温度　低 ▭ 高

※ 简介

● 叶掌状 20 ～ 30 深裂，裂片狭条形，两侧及中间一裂片较宽，并有两条纵脉，其余裂片仅一条纵脉。
● 速生树种，忌强光，耐寒。
● 亚热带树种，原产中国广西西部及云南东南部。

箬棕（菜棕）
Sabal palmetto
棕榈科 箬棕属

※ 树形及树高

5m
3m
应用

20m
10m
成树

※ 功能及应用

吸收烟尘、二氧化硫、氟化氢

●公园及公共绿地、风景区、庭园、道路、海滨、建筑
环境（含住区）、工矿区、医院、学校、滨水
●群植、丛植、片植

※ 观赏时期

月	1	2	3	4	5	6	7	8	9	10	11	12
花												
叶												
实												

※ 区域生长环境

光照　阴 ▭▭▭▭▭ 阳
水分　干 ▭▭▭▭▭ 湿
温度　低 ▭▭▭▭▭ 高

※ 简介

●茎单生。叶鸡冠状掌裂，叶轴弯拱，叶柄比叶片长。
雌雄同株。花小，黄绿色近白色，花梗长，花序腋生。
果球形，熟时黑色，有光泽。
●速生树种，耐旱，较耐寒，可在 -5℃左右生长，耐瘠薄。
●抗风，高热海风与寒冷干风不会对其产生损害。
●苗期生长缓慢，成株后非常雄伟壮观。
●热带亚热带树种，原产美国东南部和西印度群岛。

长叶刺葵（加拿利海枣）

Phoenix canariensis

棕榈科　刺葵属

※ 树形及树高

	10m	5m		20m	10m
		应用			成树

※ 功能及应用

●公园及公共绿地、风景区、庭园、道路、海滨、建筑环境（含住区）、工矿区、医院、学校、滨水

●列植、孤植、丛植、群植、片植

※ 观赏时期

月	1	2	3	4	5	6	7	8	9	10	11	12
花												
叶												
实												

※ 区域生长环境

光照　阴 ▭ 阳

水分　干 ▭ 湿

温度　低 ▭ 高

※ 简介

●乔木，干上有整齐鱼鳞状叶痕。羽状复叶，基部小叶成刺状。浆果球形。

●中生树种，耐阴，耐寒，耐旱，耐盐碱。

●茎干粗壮，羽叶密而伸展，形成密集的羽状树冠。

●热带树种，原产非洲西部加那利岛。

海枣（枣椰子、伊拉克蜜枣）

Phoenix dactylifera

棕榈科　刺葵属

※ 树形及树高

应用

成树

※ 功能及应用

● 庭园、公园及公共绿地、广场、道路、滨水、建筑环境（含住区）

● 列植、孤植、丛植、群植、片植

※ 观赏时期

月	1	2	3	4	5	6	7	8	9	10	11	12
花												
叶												
实												

※ 区域生长环境

光照　阴 ▭ 阳

水分　干 ▭ 湿

温度　低 ▭ 高

※ 简介

● 常绿乔木。羽状复叶，小叶条状披针形，硬直，有白粉。果椭球形。

● 耐高温，耐寒，耐干旱，耐水涝，耐盐碱，耐霜冻，喜肥沃排水良好的有机土。

● 速生树种。

● 茎干挺拔，羽叶劲直、狭长而发蓝，颇有特点。

● 因以伊拉克出产最多，故称"伊拉克蜜枣"。

● 热带亚热带树种，产热带、非洲和西亚。

银海枣（林刺葵）

Phoenix sylvestris

棕榈科　刺葵属

※ 树形及树高

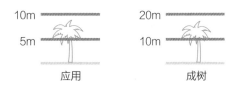

应用	成树
10m / 5m	20m / 10m

※ 功能及应用

●公园及公共绿地、庭园、建筑环境（含住区）、湿地及河畔
●列植、孤植、丛植、群植、片植

※ 观赏时期

月	1	2	3	4	5	6	7	8	9	10	11	12
花												
叶	▬	▬	▬	▬	▬	▬	▬	▬	▬	▬	▬	▬
实												

※ 区域生长环境

光照	阴 ▭ 阳
水分	干 ▭ 湿
温度	低 ▭ 高

※ 简介

●常绿乔木，密被狭长的叶柄基部。羽状复叶，灰绿色小叶剑形，排成 2～4 列。花白色，花序大。核果椭圆形，熟时橙黄色。
●耐高温，耐水淹，耐干旱，耐盐碱，耐霜冻，喜肥沃及排水良好的有机质土壤。
●慢生树种。
●叶色银灰，观赏效果极佳。
●热带树种，原产印度、缅甸。

软叶刺葵（江边刺葵）

Phoenix roebelenii

棕榈科　刺葵属

※ 树形及树高

应用

成树

※ 功能及应用

● 公园及公共绿地、风景区、庭园、道路、海滨、建筑
环境（含住区）、工矿区、医院、学校、滨水、屋顶绿化
● 列植、丛植、群植、片植

※ 观赏时期

月	1	2	3	4	5	6	7	8	9	10	11	12
花												
叶												
实												

※ 区域生长环境

光照　阴 ▭ 阳

水分　干 ▭ 湿

温度　低 ▭ 高

※ 简介

● 常绿灌木，茎单生或丛生。羽状复叶长，常拱垂，小
叶柔软，对生，基部小叶刺状。花小，黄色。果黑色，
鸡蛋状，下垂。
● 速生树种，不耐寒，耐干旱。
● 较强的降温增湿功效。
● 热带树种，产中南半岛。

散尾葵
Chrysalidocarpus lutescens
棕榈科 散尾葵属

※ 树形及树高

5m	10m
3m	5m
应用	成树

※ 功能及应用

🌿 吸收甲醛

●公园及公共绿地、风景区、庭园、道路、海滨、建筑环境（含住区）、工矿区、医院、学校、滨水、屋顶绿化
●丛植、群植、片植

※ 观赏时期

月	1	2	3	4	5	6	7	8	9	10	11	12
花												
叶												
实												

※ 区域生长环境

光照　阴 ▭ 阳
水分　干 ▭ 湿
温度　低 ▭ 高

※ 简介

●常绿丛生灌木，茎干如竹，有环纹。羽状复叶，小叶条状披针形，叶轴和叶柄常呈黄绿色，上部有槽。
●耐阴性强，耐寒性不强，越冬最低温需10℃以上，5℃左右易产生冻害，喜疏松肥沃排水良好土壤，喜通风良好环境。
●速生树种，播种或分株繁殖。
●降温增湿功效显著。
●热带树种，原产非洲马达加斯加。

三角椰子

Neodypsis decaryi

棕榈科　三角椰子属

※ 树形及树高

应用

成树

※ 功能及应用

公园及公共绿地、风景区、庭园、道路、海滨、建筑环境（含住区）、工矿区、医院、学校、滨水

● 孤植、丛植、片植、群植

※ 观赏时期

月	1	2	3	4	5	6	7	8	9	10	11	12
花												
叶												
实												

※ 区域生长环境

光照　阴 ▭ 阳

水分　干 ▭ 湿

温度　低 ▭ 高

※ 简介

● 茎干单生，具残存叶鞘。羽状复叶，在茎上排成整齐的 3 列，小叶细条形，灰绿色，叶柄棕褐色。花黄绿色，腋生，肉穗状花序有分枝。核果球形，黄绿色。

● 中生树种，适应性较强，较耐阴，喜高温又耐寒，耐旱，寿命长。

● 叶片陈列于一个平面内，形成三角形树冠，故名"三角椰子"。

● 热带树种，原产非洲马达加斯加雨林。

狐尾椰子
Wodyetia bifurcata
棕榈科　狐尾椰子属

※ 树形及树高

10m		20m	
5m		10m	
	应用		成树

※ 功能及应用

●公园及公共绿地、风景区、庭园、道路、海滨、建筑环境（含住区）、工矿区、医院、学校、滨水
●孤植、列植、丛植、群植、片植

※ 观赏时期

月	1	2	3	4	5	6	7	8	9	10	11	12
花												
叶												
实												

※ 区域生长环境

光照　阴 ▭ 阳
水分　干 ▭ 湿
温度　低 ▭ 高

※ 简介

●茎干单生，光滑，有环纹，银灰色，稍呈瓶状。羽状复叶，拱形，小叶狭披针形，亮绿色，在叶轴上分节轮生，形似狐尾。花浅绿色，花序分枝较多。果卵形，熟时橘红至橙红色。
●耐旱，较耐寒，抗风。
●速生树种。
●遮阴效果好，是热带、亚热带最受欢迎的棕榈植物之一。
●热带树种，原产澳大利亚昆土兰州。

椰子
Cocos nucifera
棕榈科　椰子属

※ 树形及树高

10m
5m
应用

20m
10m
成树

※ 功能及应用

● 公园及公共绿地、风景区、庭园、道路、海滨、建筑
环境（含住区）、工矿区、医院、学校、滨水
　孤植、列植、丛植、群植、片植

※ 观赏时期

月	1	2	3	4	5	6	7	8	9	10	11	12
花												
叶												
实												

※ 区域生长环境

光照　阴 ▭ 阳
水分　干 ▭ 湿
温度　低 ▭ 高

※ 简介

● 乔木，树干具环状叶痕。羽状复叶，柔中具刚，小叶
条状披针形，基部外折。核果大。
● 速生树种，寿命可达 100 年，是优美的风景树和海岸
防护林树种，在海滨栽植能体现热带风光，是热带海滨
标志性景观树种。
● 需及时修剪枯叶，避免落叶造成损伤和破坏。
● 果实为著名的热带水果，内果壳、叶鞘、茎干各有用
处，是热带地区重要的经济作物。
● 热带树种，产世界热带岛屿及海岸，以亚洲最集中。

酒瓶椰子
Hyophorbe lagenicaulis
棕榈科　酒瓶椰子属

※ 树形及树高

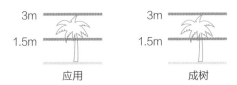

3m　　　　　　　3m
1.5m　　　　　　1.5m
应用　　　　　　成树

※ 功能及应用

吸收烟尘、二氧化硫、氟化氢

●公园及公共绿地、风景区、庭园、道路、海滨、建筑
环境（含住区）、工矿区、医院、学校、滨水
●列植、丛植、群植、片植

※ 观赏时期

月	1	2	3	4	5	6	7	8	9	10	11	12
花												
叶												
实												

※ 区域生长环境

光照　阴 □□□□□□□□ 阳
水分　干 □□□□□□□□ 湿
温度　低 □□□□□□□□ 高

※ 简介

●茎干单生，上部细，中下部膨大如酒瓶，具环纹。羽
状复叶，排列2列。花小，黄绿色，穗状花序。果实椭
球形，紫色。
●不耐寒，耐盐碱。
●慢生树种。
●株形奇特，因其茎干似酒瓶而得名。
●热带树种，原产毛里求斯的罗得岛。

昆棒椰子
Hyophorbe verschaffeltii
棕榈科 酒瓶椰子属

※ 树形及树高

5m 3m 应用	10m 5m 成树

※ 功能及应用

● 公园及公共绿地、风景区、庭园、道路、海滨、建筑环境（含住区）、工矿区、医院、学校、滨水
● 列植、丛植、群植、片植

※ 观赏时期

月	1	2	3	4	5	6	7	8	9	10	11	12
花												
叶												
实												

※ 区域生长环境

光照	阴	阳
水分	干	湿
温度	低	高

※ 简介

● 形态与酒瓶椰子相似，但茎干基部与上部较细，唯中部粗大，状如棍棒。羽状复叶，排成 2 列。
● 慢生树种，耐热，耐旱，喜排水良好的沙质土，稍耐寒。
● 热带树种，原产毛里求斯的罗得里格斯岛。

青棕
Ptychosperma macarthurii
棕榈科 射叶椰子属

※ 树形及树高

5m		10m	
3m		5m	
应用		成树	

※ 功能及应用

●公园及公共绿地、风景区、庭园、道路、建筑环境（含住区）、工矿区、医院、学校、滨水、屋顶绿化
●丛植、片植、群植

※ 观赏时期

月	1	2	3	4	5	6	7	8	9	10	11	12
花												
叶												
实												

※ 区域生长环境

光照	阴	阳
水分	干	湿
温度	低	高

※ 简介

●丛生灌木，茎干细长，具竹节状环纹。羽状复叶，小叶整齐2列。雌雄同株，肉穗花序，花淡黄色。果椭球形，熟时鲜红色。
●耐半阴，较耐寒，喜肥沃及排水良好的偏酸性土壤。
●速生树种。
●热带树种，原产澳大利亚东北部及新几内亚中南部。

王棕（大王椰子）

Roystonea regia

棕榈科 王棕属

※ 树形及树高

应用　　　　成树

※ 功能及应用

● 公园及公共绿地、风景区、道路、海滨、建筑环境（含住区）、工矿区、医院、学校、滨水
● 对植、列植、丛植、群植、片植

※ 观赏时期

月	1	2	3	4	5	6	7	8	9	10	11	12
花												
叶												
实												

※ 区域生长环境

光照　阴 ▭ 阳
水分　干 ▭ 湿
温度　低 ▭ 高

※ 简介

● 乔木，茎干有环纹，灰色，光滑，幼时基部膨大，后渐中下部膨大。大型羽状复叶，小叶互生，条状披针形，常成 4 列，叶鞘包干成绿色光滑冠茎。
● 慢生树种，土质不拘，很不耐寒，最低温度 16 ～ 18℃，抗风力强。
● 需及时修剪枯叶，避免落叶造成损伤和破坏。
● 树形高大雄伟，世界著名热带风光树种。
● 热带及亚热带树种，原产古巴、牙买加和巴拿马。

金山葵（皇后葵）

Syagrus romanzoffiana

棕榈科 金山葵属

※ 树形及树高

应用　　　　　　　成树

※ 功能及应用

● 公园及公共绿地、风景区、道路、海滨、建筑环境（含住区）、工矿区、医院、学校、滨水
● 对植、列植、丛植、群植、片植

※ 观赏时期

月	1	2	3	4	5	6	7	8	9	10	11	12
花												
叶												
实												

※ 区域生长环境

光照　阴 ▭▭▭▭▭ 阳
水分　干 ▭▭▭▭▭ 湿
温度　低 ▭▭▭▭▭ 高

※ 简介

● 乔木，干灰色。羽状复叶，小叶条状披针形，多行排列，叶柄基部膨大。花单性同株，肉穗花序圆锥状分枝。果倒卵形，黄色。
● 速生树种，不耐寒，抗风力强，移栽易活。
● 需及时修剪枯叶，避免落叶造成损伤和破坏。
● 热带树种，原产巴西至阿根廷，现广植于热带地区。

三药槟榔

Areca triandra

棕榈科 槟榔属

※ 树形及树高

5m
3m
应用

5m
3m
成树

※ 功能及应用

●公园及公共绿地、风景区、庭园、道路、建筑环境
（含住区）、工矿区、医院、学校、滨水、屋顶绿化
●片植、丛植、群植

※ 观赏时期

月	1	2	3	4	5	6	7	8	9	10	11	12
花												
叶												
实												

※ 区域生长环境

光照　阴 ▭ 阳

水分　干 ▭ 湿

温度　低 ▭ 高

※ 简介

●丛生灌木，茎干细长如竹，绿色，有环状叶痕。羽状
复叶，小叶背面绿色，光滑。花白色，芳香，单性同序。
果小，长椭球形，熟时红色或橙红色。
●速生树种，不耐寒。
●茎干形似翠竹，姿态优雅，红果美丽繁多。
●热带树种，原产印度、中南半岛及马来半岛。

假槟榔（亚历山大椰子）

Archontophoenix alexandrae

棕榈科 假槟榔属

※ 树形及树高

10m	20m
5m	10m
应用	成树

※ 功能及应用

● 公园及公共绿地、风景区、庭园、道路、海滨、林地、建筑环境（含住区）、工矿区、医院、学校、滨水
● 列植、丛植、片植、群植

※ 观赏时期

月	1	2	3	4	5	6	7	8	9	10	11	12
花												
叶												
实												

※ 区域生长环境

光照	阴 ▭	阳
水分	干 ▭	湿
温度	低 ▭	高

※ 简介

● 乔木，干幼时绿色，老则灰白色，光滑而有梯形环纹，基部略膨大。羽状复叶，簇生干端，小叶条状披针形，背面灰白色鳞秕状覆盖物。花单性同株。果卵球形，红色。
● 速生树种，不耐寒，抗风，抗大气污染。
● 热带树种，原产澳大利亚昆士兰，亚洲热带地区广泛栽培。

油棕

Elaeis guineensis

棕榈科　油棕属

※ 树形及树高

应用

成树

※ 功能及应用

● 公园及公共绿地、风景区、庭园、道路、建筑环境（含住区）、工矿区、医院、学校、滨水
● 片植、丛植、群植

※ 观赏时期

月	1	2	3	4	5	6	7	8	9	10	11	12
花												
叶												
实												

※ 区域生长环境

光照　阴 □——————————— 阳

水分　干 □——————————— 湿

温度　低 □——————————— 高

※ 简介

● 常绿乔木，干粗大，上有叶柄基宿存。羽状复叶，叶柄两侧有刺，小叶条状披针形，较软。花单性，同株异序。核果熟时黄褐色。
● 不耐寒，不耐旱，不抗风，喜肥沃土壤。
● 播种繁殖。
● 速生树种。
● 果肉及种子均可榨油，有"世界油王"之称。
● 热带树种，原产热带西非雨林，现广植于热带各地。

鱼骨葵（香桄榔、矮桄榔）
Arenga tremula
棕榈科 桄榔属

※ 树形及树高

应用　　　　　成树

※ 功能及应用

●公园及公共绿地、风景区、庭园、道路、海滨、林地、建筑环境（含住区）、工矿区、医院、学校、滨水
●片植、丛植、群植

※ 观赏时期

月	1	2	3	4	5	6	7	8	9	10	11	12
花												
叶	■	■	■	■	■	■	■	■	■	■	■	■
实	■											■

※ 区域生长环境

光照　阴 ▭ 阳
水分　干 ▭ 湿
温度　低 ▭ 高

※ 简介

●茎丛生，中等大小。羽状复叶直伸，较少下垂，小叶狭长，羽状排列整齐如鱼骨。花黄色，芳香。果球形，熟时红色。
●速生树种。
●热带树种，原产菲律宾。

布迪椰子（弓葵）
Butia capitata
棕榈科 布迪椰子属

※ 树形及树高

3m
1.5m
应用

5m
3m
成树

※ 功能及应用

●公园及公共绿地、风景区、庭园、道路、海滨、林地、建筑环境（含住区）、工矿区、医院、学校、滨水
●片植、丛植、群植

※ 观赏时期

月	1	2	3	4	5	6	7	8	9	10	11	12
花												
叶												
实												

※ 区域生长环境

光照　阴 ▭ 阳
水分　干 ▭ 湿
温度　低 ▭ 高

※ 简介

●单干粗壮。羽状复叶，呈弧形弯曲，小叶条形，灰绿色，较柔软，叶柄细长。花单性同株，佛焰苞花序大型，具细长侧生分枝。核果圆锥状卵形，基部有壳斗。
●耐干热、干冷，耐寒性较强，为抗冻性最强的棕榈科植物之一，抗风力强。
●慢生树种。
●叶柄明显弯曲下垂如弓形，因而又称"弓葵"。
●热带、亚热带、温带树种，原产巴西和乌拉圭。

鱼尾葵
Caryota ochlandra
棕榈科 鱼尾葵属

※ 树形及树高

| | 应用 | | 成树 |

应用：10m / 5m
成树：20m / 10m

※ 功能及应用

- 公园及公共绿地、风景区、庭园、道路、海滨、林地、建筑环境（含住区）、工矿区、医院、学校、滨水
- 片植、丛植、群植

※ 观赏时期

月	1	2	3	4	5	6	7	8	9	10	11	12
花												
叶	■	■	■	■	■	■	■	■	■	■	■	■
实												

※ 区域生长环境

光照	阴 ▭▭▭▭▭▭ 阳
水分	干 ▭▭▭▭▭▭ 湿
温度	低 ▭▭▭▭▭▭ 高

※ 简介

- 乔木，干具环状叶痕。叶大型，二回羽状复叶，小叶鱼尾状半菱形。圆锥状肉穗花序大型。浆果熟时淡红色。
- 速生树种，耐阴，忌阳光直射，喜酸性土壤，抗风，抗大气污染，不耐旱，寿命约50年。
- 叶形奇特，酷似鱼尾。
- 热带树种，产亚洲热带，中国华南有分布。

短穗鱼尾葵
Caryota mitis
棕榈科 鱼尾葵属

※ 树形及树高

5m
3m

应用

10m
5m

成树

※ 功能及应用

●公园及公共绿地、风景区、庭园、道路、海滨、林地、建筑环境（含住区）、工矿区、医院、学校、滨水
●孤植、丛植、群植、片植

※ 观赏时期

月	1	2	3	4	5	6	7	8	9	10	11	12
花												
叶												
实												

※ 区域生长环境

光照　阴 [＿＿＿＿＿＿＿＿] 阳
水分　干 [＿＿＿＿＿＿＿＿] 湿
温度　低 [＿＿＿＿＿＿＿＿] 高

※ 简介

●与鱼尾葵区别处：植株较矮，树干丛生。小叶较小，叶柄具黑褐色秕糠状鳞片。花序较短。果熟时蓝黑色。
●耐阴，对土壤要求不严，为较耐寒的棕榈科热带植物之一，抗风，抗污染力强。
●速生树种。
●有斑叶品种。
●热带树种，产亚洲热带，海南有分布。

董棕（钝叶鱼尾葵）

Caryota obtuse

棕榈科　鱼尾葵属

※ 树形及树高

| | 应用 | | 成树 |

※ 功能及应用

吸收烟尘、二氧化硫、氟化氢

●公园及公共绿地、风景区、庭园、道路、海滨、林地、建筑环境（含住区）、工矿区、医院、学校、滨水
●孤植、丛植、群植、片植

※ 观赏时期

月	1	2	3	4	5	6	7	8	9	10	11	12
花												
叶	■	■	■	■	■	■	■	■	■	■	■	■
实												

※ 区域生长环境

光照　阴 ▭ 阳
水分　干 ▭ 湿
温度　低 ▭ 高

※ 简介

●高大乔木，干具明显的环状叶痕，中下部增粗成瓶状。大型二回羽状复叶集生干端，小叶斜菱形，深绿色。大型圆锥花序下垂。果球形，带黑色。
●稍耐阴，喜排水良好、疏松、肥沃的石灰质土壤。
●速生树种，耐 -4℃的低温，寿命短，20年生，一次性开花后不久即死亡。
●大型羽叶开展如孔雀尾羽，叶片整齐，十分壮观。
●热带树种，产中国云南南部、广西、西藏南部，印度阿萨姆、泰国也有分布。

孝顺竹（凤凰竹、蓬莱竹）
Bambusa multiplex
禾本科 孝顺竹属

※ 树形及树高

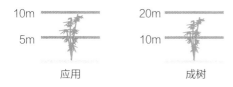

10m	20m
5m	10m
应用	成树

※ 功能及应用

● 公园及公共绿地、风景区、庭园、林地、建筑环境（含住区）、工矿区、医院、学校、滨水
● 丛植、群植、片植

※ 观赏时期

月	1	2	3	4	5	6	7	8	9	10	11	12
花												
叶												
实												

※ 区域生长环境

光照　阴 ▭ 阳
水分　干 ▭ 湿
温度　低 ▭ 高

※ 简介

● 丛生竹，秆绿色，后变黄，无刺，近实心。每1小枝有叶5～9片，排成二列状，叶条状披针形。
● 速生树种，稍耐阴，不耐寒，喜肥沃排水良好土壤。
● 植株矮小，枝叶稠密纤细而下弯，优雅秀丽。
● 常见园艺品种有金秆孝顺竹、花秆孝顺竹、凤尾竹、条纹孝顺竹等。
● 亚热带树种，原产中国，长江流域及其以南地区园林绿地习见栽培观赏或绿篱。

花秆孝顺竹（小琴丝竹）
Bambusa multiplex 'Alphonse Karr'
禾本科　孝顺竹属

※ 树形及树高

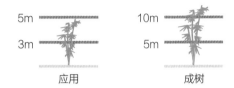

5m	10m
3m	5m
应用	成树

※ 功能及应用

● 公园及公共绿地、风景区、庭园、林地、建筑环境（含住区）、工矿区、医院、学校、滨水
● 丛植、群植、片植

※ 观赏时期

月	1	2	3	4	5	6	7	8	9	10	11	12
花												
叶												
实												

※ 区域生长环境

光照　阴 ▭ 阳

水分　干 ▭ 湿

温度　低 ▭ 高

※ 简介

● 竹秆金黄色，节间有绿色纵纹。
● 速生树种，稍耐阴，不耐寒，喜肥沃排水良好土壤。
● 孝顺竹的园艺品种。
● 竹秆在阳光照耀下显示鲜红色，节间有绿色纵条纹，丛态优美。
● 亚热带树种，分布于中国东南部至西南部

凤尾竹

Bambusa multiplex 'Fernleaf'

禾本科 孝顺竹属

※ 树形及树高

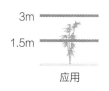

应用

成树

※ 功能及应用

● 公园及公共绿地、风景区、庭园、建筑环境（含住区）、
工矿区、医院、学校、滨水、屋顶绿化
● 丛植、篱植

※ 观赏时期

月	1	2	3	4	5	6	7	8	9	10	11	12
花												
叶												
实												

※ 区域生长环境

光照	阴	阳
水分	干	湿
温度	低	高

※ 简介

● 竹丛矮而密，秆细小而空心，叶也细小，长 3 ～ 6cm，
宽 4 ～ 7mm，每小枝具叶 9 ～ 13 片。小枝叶羽状二列。
● 速生树种，稍耐阴，不耐寒，喜肥沃排水良好的酸性、
微酸性或中性土壤，忌黏重、碱性土壤。
● 孝顺竹的园艺品种。
● 亚热带树种，中国华东、华南、西南至台湾地区、香
港地区有栽培。

大佛肚竹
Bambusa vulgaris 'Wamin'
禾本科　孝顺竹属

※ 树形及树高

应用　　　　　　　　成树

※ 功能及应用

● 公园及公共绿地、风景区、庭园、建筑环境（含住区）、工矿区、医院、学校、滨水
● 丛植、片植

※ 观赏时期

月	1	2	3	4	5	6	7	8	9	10	11	12
花												
叶												
实												

※ 区域生长环境

光照　阴 ▭ 阳
水分　干 ▭ 湿
温度　低 ▭ 高

※ 简介

● 竹丛较矮，节间缩短而膨大，与小佛肚竹区别为各部都较大，箨鞘背面密生暗褐色刺毛。
● 速生树种，较不耐寒。
● 为龙头竹（泰山竹）的园艺品种。
● 竹秆节间缩短膨大似佛肚，颇为奇特，是盆栽精品，观赏价值高。
● 热带树种，东南亚暖热地带广泛分布。

黄金间碧竹（青丝金竹）

Bambusa vulgaris 'Vittata'

禾本科　孝顺竹属

※ 树形及树高

应用

成树

※ 功能及应用

- 公园及公共绿地、风景区、庭园、建筑环境（含住区）、工矿区、医院、学校、滨水
- 丛植、片植

※ 观赏时期

月	1	2	3	4	5	6	7	8	9	10	11	12
花												
叶												
实												

※ 区域生长环境

光照　阴 ▭▭▭▭▭▭▭ 阳

水分　干 ▭▭▭▭▭▭▭ 湿

温度　低 ▭▭▭▭▭▭▭ 高

※ 简介

- 秆鲜黄色，有显著绿色纵条纹多条。
- 速生树种，喜光，稍耐阴，需水较多，适应性强，容易繁殖。
- 为龙头竹（泰山竹）的园艺品种。
- 秆、枝、叶黄绿条纹相间，如碧玉上镶嵌黄金，色彩鲜明，具极高观赏价值。
- 热带树种，产中国广西、海南、云南、广东和台湾等地区。

青皮竹
Bambusa textilis
禾本科　孝顺竹属

※ 树形及树高

应用　　　　　　成树

※ 功能及应用

● 公园及公共绿地、风景区、庭园、建筑环境（含住区）、工矿区、医院、学校、滨水
● 丛植、片植

※ 观赏时期

月	1	2	3	4	5	6	7	8	9	10	11	12
花												
叶												
实												

※ 区域生长环境

光照　阴 ▭ 阳
水分　干 ▭ 湿
温度　低 ▭ 高

※ 简介

● 顶端弓形下垂，节间长，壁薄，中部常有白粉及刚毛，后脱落，分枝节高，分枝多而细，簇生，主枝略粗。秆箨早落，箨叶窄三角形，箨耳小，长椭圆形，两面有小刚毛。
● 耐寒，喜深厚、肥沃的酸性沙质土。
● 速生树种，萌芽能力强。
● 园艺品种有紫纹青皮竹、绿篱竹（花秆青皮竹）等。
● 亚热带树种，产中国广东、广西。

粉单竹

Bambusa chungii

禾本科　孝顺竹属

※ 树形及树高

应用　　　成树

※ 功能及应用

- ●公园及公共绿地、风景区、庭园、建筑环境（含住区）、工矿区、医院、学校、滨水
- ●丛植、片植

※ 观赏时期

月	1	2	3	4	5	6	7	8	9	10	11	12
花												
叶												
实												

※ 区域生长环境

光照	阴 ▭ 阳	
水分	干 ▭ 湿	
温度	低 ▭ 高	

※ 简介

- ●秆圆筒形，壁薄，幼时有显著白色蜡粉，箨环隆起成一圈木栓质并有倒生毛，顶端略弯垂。分枝多数，主枝较粗，箨叶外翻，叶片羽状排列。
- ●速生树种，成林快，适应性强，稍耐寒。
- ●分株或扦插繁殖。
- ●竹材薄而韧，为编织良材，亦用于造纸。
- ●亚热带树种，产中国两广、福建及湖南等地。

大琴丝竹

Bambusa emeiensis 'Striatus'

禾本科　孝顺竹属

※ 树形及树高

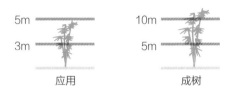

应用　　　　　　　　成树

※ 功能及应用

● 公园及公共绿地、风景区、庭园、建筑环境（含住区）、工矿区、医院、学校、滨水
● 丛植、片植

※ 观赏时期

月	1	2	3	4	5	6	7	8	9	10	11	12
花												
叶	■	■	■	■	■	■	■	■	■	■	■	■
实												

※ 区域生长环境

光照　阴 ▭ 阳
水分　干 ▭ 湿
温度　低 ▭ 高

※ 简介

● 秆节间淡黄色，间有深绿色纵条纹，叶片有时有淡黄色条纹。
● 速生树种，稍耐寒，喜肥沃疏松土壤，干旱、瘠薄处生长不良。
● 为慈竹园艺品种。
● 产中国西南及华中地区。

麻竹
Dendrocalamus latiflorus
禾本科 牡竹属

※ 树形及树高

10m	20m
5m	10m
应用	成树

※ 功能及应用

●公园及公共绿地、风景区、庭园、建筑环境（含住区）、工矿区、医院、学校、滨水
●丛植、片植

※ 观赏时期

月	1	2	3	4	5	6	7	8	9	10	11	12
花												
叶	■	■	■	■	■	■	■	■	■	■	■	■
实												

※ 区域生长环境

光照	阴	阳
水分	干	湿
温度	低	高

※ 简介

●大型丛生竹，节间圆筒形，壁薄，顶端下垂，每节具多分枝，主枝粗大。箨耳极小，箨叶小而外翻，叶宽大。
●速生树种，喜光，耐半阴，喜肥沃湿润冲积土，在黏土上生长不良，很不耐寒。
●竹秆粗厚，坚韧有弹性，可供建筑、家具、农具等用。
●园艺品种有葫芦麻竹，花秆麻竹。
●亚热带树种，产中国华南、台湾地区及黔南、滇东南。

金明竹（德国五月季竹）
Phyllostachys bambusoides 'Castilloni'
禾本科　刚竹属

※ 树形及树高

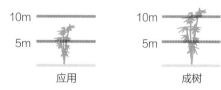

应用　　　　　成树

※ 功能及应用

●公园及公共绿地、风景区、庭园、建筑环境（含住区）、工矿区、医院、学校、滨水
●丛植、片植

※ 观赏时期

月	1	2	3	4	5	6	7	8	9	10	11	12
花												
叶												
实												

※ 区域生长环境

光照　阴 ▭ 阳
水分　干 ▭ 湿
温度　低 ▭ 高

※ 简介

●秆黄色，间有宽绿条带，有些叶片上有乳白色纵条纹。
●速生树种，耐盐碱。
●广东园林的观赏竹子中"北竹南移"的优良珍稀品种之一。
●为桂竹（刚竹）的园艺品种。
●亚热带树种，原产中国，早年引入日本，并长期栽培。

人面竹（罗汉竹、布袋竹）
Phyllostachys aurea

禾本科 刚竹属

※ 树形及树高

应用　　　　　成树

※ 功能及应用

●公园及公共绿地、风景区、庭园、建筑环境（含住区）、工矿区、医院、学校、滨水
●片植、丛植

※ 观赏时期

月	1	2	3	4	5	6	7	8	9	10	11	12
花												
叶												
实												

※ 区域生长环境

光照　　阴 ▭▭▭▭▭ 阳
水分　　干 ▭▭▭▭▭ 湿
温度　　低 ▭▭▭▭▭ 高

※ 简介

●下部节间不规则短缩或畸形肿胀，箨鞘无毛，叶狭长披针形。
●速生树种，耐阴，耐寒性较强，不耐盐碱，喜肥沃酸性土壤。
●有花叶、花秆、黄槽等品种。
●热带、亚热带和暖温带树种，原产中国。

茶秆竹（青篱竹）

Arundinaria amabilis

禾本科 青篱竹属

※ 树形及树高

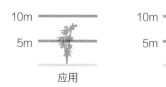

应用　　　　　　成树

※ 功能及应用

● 公园及公共绿地、风景区、庭园、建筑环境（含住区）、工矿区、医院、学校、滨水
● 丛植、片植

※ 观赏时期

月	1	2	3	4	5	6	7	8	9	10	11	12
花												
叶												
实												

※ 区域生长环境

光照　阴 ▭ 阳

水分　干 ▭ 湿

温度　低 ▭ 高

※ 简介

● 地下茎复轴混生，秆坚硬直挺。秆环平，箨环线状，老秆被蜡质斑块。箨鞘迟落，厚革质。小叶狭长披针形。
● 速生树种，喜肥沃、土层深厚沙质土壤。
● 竹竿坚韧耐腐蚀、不易虫蛀，有"钢竹"美誉。
● 亚热带树种，产中国广东、广西、湖南、福建及江西。

箬竹
Indocalamus tessellatus

禾本科 箬竹属

※ 树形及树高

3m	3m
1.5m	1.5m
应用	成树

※ 功能及应用

- ●公园及公共绿地、风景区、庭园、建筑环境（含住区）、工矿区、医院、学校、滨水
- ●篱植、丛植、片植

※ 观赏时期

月	1	2	3	4	5	6	7	8	9	10	11	12
花												
叶												
实												

※ 区域生长环境

光照 阴 ▭▭▭▭▭▭▭ 阳
水分 干 ▭▭▭▭▭▭▭ 湿
温度 低 ▭▭▭▭▭▭▭ 高

※ 简介

- ●矮生竹，秆细，分枝直立且与主秆近等粗，秆箨宿存，背部无毛，箨舌弧形，箨叶小，叶片巨大。
- ●速生树种，耐寒性差，喜肥沃疏松排水良好的酸性土壤。
- ●竹叶大型，可制作防雨用品或包裹粽子。
- ●亚热带树种，产中国长江流域各地。

铁线莲
Clematis florida
毛茛科　铁线莲属

※ 栽植方式

壁面绿化(攀爬式)

※ 功能及应用

 活血止痛

●公园及公共绿地、风景区、庭园、海滨、道路、建筑环境（含住区）、工矿区、医院、学校、垂直绿化、屋顶绿化
●片植、丛植

※ 观赏时期

月	1	2	3	4	5	6	7	8	9	10	11	12
花					▉	▉	▉	▉	▉			
叶	▉	▉	▉	▉	▉	▉	▉	▉	▉	▉	▉	▉
实												

※ 区域生长环境

光照　阴 ▉▉▉▉▉▉▉▉▉▉ 阳
水分　干 ▉▉▉▉▉▉▉▉▉▉ 湿
温度　低 ▉▉▉▉▉▉▉▉▉▉ 高

※ 简介

●二回三出复叶对生，小叶卵形。花白色或淡黄白色，背有绿条纹。
●速生树种，耐阴，耐寒性强，喜肥沃排水良好的碱性土壤。
●花大而美丽，有藤本皇后之美誉。
●园艺品种较多，有不同花色、辨型等。
●亚热带树种，产中国长江中下游至华南地区。

薜荔

Ficus pumila

桑科　榕属

※ 栽植方式

壁面绿化(吸附式)

※ 功能及应用

●公园及公共绿地、风景区、庭园、道路、海滨、建筑环境（含住区）、工矿区、医院、学校、垂直绿化、湿地、滨水、屋顶绿化

※ 观赏时期

月	1	2	3	4	5	6	7	8	9	10	11	12
花												
叶												
实												

※ 区域生长环境

光照	阴						阳

水分　干 ▢▢▢▢▢▢ 湿

温度　低 ▢▢▢▢▢▢ 高

※ 简介

●借气生根攀援，小枝有褐色绒毛。叶椭圆形，厚革质，表面光滑，同株上常有异性小叶，生殖枝叶常较大。果梨形。

●速生树种，喜光，稍耐阴，耐瘠薄。

●果实可制作凉粉，因此薜荔又名凉粉果。

●园艺品种有小叶薜荔、斑叶薜荔、雪叶薜荔等。

●亚热带树种，产自中国华东、中南及西南地区，日本、印度也有分布。

叶子花
（三角梅、簕杜鹃、宝中花、九重葛）
Bougainvillea spectabilis
紫茉莉科　叶子花属

※ 栽植方式

壁面绿化(攀爬式)

壁面绿化(探出式)

※ 功能及应用

●公园及公共绿地、风景区、庭园、道路、海滨、建筑环境（含住区）、工矿区、医院、学校、垂直绿化、湿地、滨水、屋顶绿化
●片植、篱植、丛植、群植

※ 观赏时期

月	1	2	3	4	5	6	7	8	9	10	11	12
花	■	■	■	■	■	■				■	■	■
叶	■	■	■	■	■	■	■	■	■	■	■	■
实												

※ 区域生长环境

光照　阴 ▭ 阳
水分　干 ▭ 湿
温度　低 ▭ 高

※ 简介

●常绿，有枝刺，枝叶密生柔毛。单叶互生，卵形。花常3朵顶生，各具一枚大型叶状苞片，鲜红色。
●速生树种，耐旱，不耐寒，不择土壤，但以排水良好的沙质土为宜，扦插繁殖，耐修剪。
●花苞片3枚，似叶子，大而明显，颜色鲜艳丰富，为主要观赏部位。
●园艺品种较多，砖红、粉红、橙红、橙黄、红花重瓣、白花重瓣、斑叶等。
●热带树种，原产巴西，中国各地有栽培，西南及华南犹盛。

珊瑚藤

Antigonon leptopus

蓼科 珊瑚藤属

※ 栽植方式

壁面绿化(攀爬式)

※ 功能及应用

●公园及公共绿地、风景区、庭园、道路、建筑环境（含住区）、工矿区、医院、学校、垂直绿化、屋顶绿化

※ 观赏时期

月	1	2	3	4	5	6	7	8	9	10	11	12
花				■	■	■	■	■				
叶	■	■	■	■	■	■	■	■	■	■	■	■
实												

※ 区域生长环境

光照　阴 ▭ 阳
水分　干 ▭ 湿
温度　低 ▭ 高

※ 简介

●在热带常绿，温度不足处为落叶。单叶互生，剑形或长卵形。两性花，花由 5 个似花瓣的苞片组成，亮粉红色，成腋生的总状花序。瘦果大。

●不耐寒，最低温 15℃。

●速生树种，播种或扦插繁殖。

●花密成串且具微香，桃粉色，是主要观赏部位。

●热带树种，原产中美及墨西哥。

蓝花丹（蓝雪花）
Plumbago auriculata
白花丹科 白花丹属

※ 栽植方式

壁面绿化(吸附式)

※ 功能及应用

●公园及公共绿地、风景区、庭园、道路、建筑环境（含住区）、工矿区、医院、学校、垂直绿化、屋顶绿化
●片植、丛植、群植

※ 观赏时期

月	1	2	3	4	5	6	7	8	9	10	11	12
花							▬	▬	▬			
叶	▬	▬	▬	▬	▬	▬	▬	▬	▬	▬	▬	▬
实												

※ 区域生长环境

光照　阴 ▭▭▭▭▭ 阳
水分　干 ▭▭▭▭▭ 湿
温度　低 ▭▭▭▭▭ 高

※ 简介

●蔓性亚灌木，多分枝。单叶互生，长椭圆形。花高脚碟状，浅蓝色，穗状花序顶生。蒴果。
●速生树种，长势强健，耐高温、高湿，管理简单。
●有白花园艺品种。
●观赏期长，在暖地甚至全年开花。
●热带树种，原产南部非洲，现广植于热带地区。

首冠藤
Bauhinia corymbosa
苏木科 羊蹄甲属

※ 栽植方式

壁面绿化(攀爬式)

※ 功能及应用

●公园及公共绿地、风景区、庭园、道路、建筑环境
（含住区）、工矿区、医院、学校、垂直绿化、屋顶绿化

※ 观赏时期

月	1	2	3	4	5	6	7	8	9	10	11	12
花												
叶												
实												

※ 区域生长环境

光照　阴 〔　　　　　　　　　〕阳
水分　干 〔　　　　　　　　　〕湿
温度　低 〔　　　　　　　　　〕高

※ 简介

●有对生须卷，叶圆形，先端二深裂。花白色，有粉红
脉纹，伞房状总状花序顶生。
●速生树种。
●热带树种，产中国福建及华南地区。

白花油麻藤（禾雀花）

Mucuna birdwoodiana

蝶形花科 黎豆属

※ 栽植方式

壁面绿化(攀爬式)

※ 功能及应用

●公园及公共绿地、风景区、庭园、道路、建筑环境（含住区）、工矿区、医院、学校、垂直绿化、屋顶绿化

※ 观赏时期

月	1	2	3	4	5	6	7	8	9	10	11	12
花			▬	▬	▬	▬	▬					
叶	▬	▬	▬	▬	▬	▬	▬	▬	▬	▬	▬	▬
实												

※ 区域生长环境

光照　阴 ▭▭▭▭▭ 阳
水分　干 ▭▭▭▭▭ 湿
温度　低 ▭▭▭▭▭ 高

※ 简介

●茎断面流出汁液现白色后变血红色。三出复叶互生。花白色或绿白色，总状花序，生于老茎上或叶腋。荚果木质条形。

●速生树种，稍耐阴。

●盛花期花多于叶，大型总状花序悬垂，宛如一群群小鸟在张望。

●亚热带树种，产中国南部。

使君子
Quisqualis indica
使君子科　使君子属

※ 栽植方式

壁面绿化(攀爬式)

※ 功能及应用

●公园及公共绿地、风景区、庭园、道路、建筑环境
（含住区）、工矿区、医院、学校、垂直绿化、屋顶绿化

※ 观赏时期

月	1	2	3	4	5	6	7	8	9	10	11	12
花					■	■	■	■	■	■	■	
叶	■	■	■	■	■	■	■	■	■	■	■	■
实												

※ 区域生长环境

光照　阴 ▭▭▭▭▭ 阳
水分　干 ▭▭▭▭▭ 湿
温度　低 ▭▭▭▭▭ 高

※ 简介

●幼嫩部分有锈色柔毛。单叶对生，椭圆形，表面光滑，
背面有时疏生锈色柔毛，叶柄下部宿存一硬状物。花两
性，萼筒细长，花由白变红，成顶生下垂短穗状花序。
●速生树种，耐半阴，不耐寒，不耐旱，喜富含有机质
的沙质土，播种、扦插或压条繁殖。
●有重瓣品种。
●热带树种，产马来西亚、菲律宾、印度、缅甸至中国
华南地区。

异叶地锦（异叶爬山虎）

Parthenocissus dalzielii

葡萄科 地锦属

※ 栽植方式

壁面绿化(攀爬式)　　壁面绿化(吸附式)

※ 功能及应用

●公园及公共绿地、风景区、庭园、道路、建筑环境（含住区）、工矿区、医院、学校、垂直绿化、屋顶绿化

※ 观赏时期

月	1	2	3	4	5	6	7	8	9	10	11	12
花												
叶			■	■	■	■	■	■	■	■	■	
实												

※ 区域生长环境

光照　阴 [＿＿＿＿＿＿＿＿] 阳

水分　干 [＿＿＿＿＿＿＿＿] 湿

温度　低 [＿＿＿＿＿＿＿＿] 高

※ 简介

●植株全体无毛，营养枝上的为单叶，心卵形，花果枝上的为三出复叶，中间小叶倒长卵形，侧生小叶斜卵形。聚伞花序常生于短枝端叶腋。果熟时紫黑色。

●速生树种，耐阴，耐旱，抗寒，耐热。

●卷须吸附力极强。幼叶及秋叶均为紫红色。

●热带树种，产中国中南至西南部，越南至印尼有分布。

锦屏粉藤
Cissus sicyoides
葡萄科 白粉藤属

※ 栽植方式

壁面绿化(攀爬式)

※ 功能及应用

●公园及公共绿地、风景区、庭园、道路、建筑环境
(含住区)、工矿区、医院、学校、垂直绿化、屋顶绿化

※ 观赏时期

月	1	2	3	4	5	6	7	8	9	10	11	12
花												
叶												
实												

※ 区域生长环境

光照　阴 阳

水分　干 湿

温度　低 高

※ 简介

●蔓延力强，具卷须，与叶对生。茎节长出柔软细长红
褐色气生根，可长达 4 米，风格独特，下垂生长，单叶
互生，阔卵形。花小，白色，多岐聚伞花序。浆果黑色。
●速生树种。
●热带树种，原产热带美洲。

夜来香（夜香花、夜兰香）
Telosma cordata
萝藦科　夜来香属

※ 栽植方式

壁面绿化(攀爬式)

※ 功能及应用

●公园及公共绿地、风景区、庭园、道路、建筑环境（含住区）、工矿区、医院、学校、垂直绿化、屋顶绿化
●群植、丛植

※ 观赏时期

月	1	2	3	4	5	6	7	8	9	10	11	12
花					■	■	■	■				
叶	■	■	■	■	■	■	■	■	■	■	■	■
实												

※ 区域生长环境

光照　阴 ▭ 阳
水分　干 ▭ 湿
温度　低 ▭ 高

※ 简介

●体内含乳汁。叶对生，广卵形，花乳黄至黄绿色，高脚碟形，极芳香，夜间尤甚，伞状聚伞花序，下垂。蓇葖果卵状披针形。
●速生树种，忌暴晒，喜肥沃土壤，忌积水，不耐寒。
●不适合室内摆放，浓香会对人体造成不适。
●热带、亚热带、暖温带树种，产亚洲热带。

美丽赪桐（爪哇赪桐、艳赪桐）
Clerodendrum speciosissimum
马鞭草科　赪桐属

※ 栽植方式

壁面绿化(攀爬式)

※ 功能及应用

●公园及公共绿地、风景区、庭园、道路、建筑环境（含住区）、工矿区、医院、学校、垂直绿化、屋顶绿化

※ 观赏时期

月	1	2	3	4	5	6	7	8	9	10	11	12
花	■	■									■	■
叶	■	■	■	■	■	■	■	■	■	■	■	■
实												

※ 区域生长环境

光照　阴 ▢▢▢▢▢▢▢ 阳
水分　干 ▢▢▢▢▢▢▢ 湿
温度　低 ▢▢▢▢▢▢▢ 高

※ 简介

●枝四棱形，叶对生，卵圆状心形，密生毛。花瓣及萼片鲜红色，圆锥花序大。果深蓝色。

●速生树种，较耐阴，很不耐寒，不耐旱，最低温15℃，喜肥沃排水良好的微酸性沙质土，扦插繁殖，降温增湿作用显著。

●热带树种，原产亚洲热带。

龙吐珠

Clerodendrum thomsoinae

马鞭草科 赪桐属

※ 栽植方式

壁面绿化(攀爬式)

※ 功能及应用

● 公园及公共绿地、风景区、庭园、道路、建筑环境（含住区）、工矿区、医院、学校、垂直绿化
● 片植、丛植、群植

※ 观赏时期

月	1	2	3	4	5	6	7	8	9	10	11	12
花			▬	▬	▬	▬	▬	▬	▬	▬		
叶	▬	▬	▬	▬	▬	▬	▬	▬	▬	▬	▬	▬
实												

※ 区域生长环境

光照　阴 ▭ 阳

水分　干 ▭ 湿

温度　低 ▭ 高

※ 简介

● 柔弱藤木，茎四棱形。叶对生，椭圆状卵形。花梗长花下垂，花萼白色，花冠高脚碟状，鲜红色，二歧聚伞花序。
● 速生树种，忌暴晒，不耐寒，喜肥沃排水良好土壤，很不耐寒（耐最低温 15℃）。
● 开花时深红色的花冠由白色的萼内伸出，状如吐火珠，因此得名"龙吐珠"。
● 有斑叶龙吐珠品种。
● 热带树种，原产热带非洲西部。

云南黄馨（南迎春）

Jasminum mesnyi

木犀科 茉莉属

※ 栽植方式

壁面绿化(探出式)　　　壁面绿化(攀爬式)

※ 功能及应用

● 公园及公共绿地、风景区、庭园、道路、建筑环境（含住区）、工矿区、医院、学校、垂直绿化、屋顶绿化、滨水

● 片植、丛植、群植

※ 观赏时期

月	1	2	3	4	5	6	7	8	9	10	11	12
花												
叶												
实												

※ 区域生长环境

光照　阴 ▭▭▭▭▭ 阳

水分　干 ▭▭▭▭▭ 湿

温度　低 ▭▭▭▭▭ 高

※ 简介

● 枝绿色，细长拱形。三出复叶对生，叶面光滑。花黄色，较迎春花大，单生于具总苞状单叶之小枝端。

● 速生树种，稍耐阴，不耐寒，扦插、分株或压条繁殖。

● 亚热带树种，产中国云南、四川中西部及贵州中部，现国内外广泛栽培。

大花山牵牛（大花老鸭嘴）

Thunbergia grandiflora

爵床科 山牵牛属

※ 栽植方式

壁面绿化(攀爬式)

※ 功能及应用

●公园及公共绿地、风景区、庭园、道路、建筑环境
（含住区）、工矿区、医院、学校、垂直绿化、屋顶绿化、
滨水

※ 观赏时期

月	1	2	3	4	5	6	7	8	9	10	11	12
花												
叶												
实												

※ 区域生长环境

光照　阴 ▭ 阳
水分　干 ▭ 湿
温度　低 ▭ 高

※ 简介

●大藤木，攀援性极强，全体被粗毛。叶对生，三角状
卵圆形，5～7浅裂。花大，淡蓝色，漏斗状，稍二唇
形5裂，成下垂总状花序。蒴果。
●速生树种，喜光，稍耐阴，喜温暖、湿润、通风良好
的环境，喜富含腐殖质土壤，耐寒，扦插或分株繁殖。
●蒴果开裂时似鸭的喙，因而得名"老鸭嘴"。
●热带树种，原产孟加拉，现广植于热带地区。

非洲凌霄（紫芸藤、肖粉凌霄）
Podranea ricasoliana
紫葳科 粉花凌霄属

※ 栽植方式

壁面绿化(吸附式)　　壁面绿化(探出式)

※ 功能及应用

●公园及公共绿地、风景区、庭园、道路、海滨、建筑环境（含住区）、工矿区、医院、学校、垂直绿化、滨水、屋顶绿化
●片植、篱植、丛植

※ 观赏时期

月	1	2	3	4	5	6	7	8	9	10	11	12
花					■	■	■	■	■	■	■	■
叶	■	■	■	■	■	■	■	■	■	■	■	■
实												

※ 区域生长环境

光照　阴 [　　　　　　　　] 阳
水分　干 [　　　　　　　　] 湿
温度　低 [　　　　　　　　] 高

※ 简介

●直立或缠绕藤本，无气生根。羽状复叶对生，小叶卵状椭圆形，光滑。花漏斗状钟形，粉红色，喉部色较深，花萼肿胀。蒴果长形。
●速生树种，极不耐旱，耐水湿，稍耐寒，耐热，喜排水良好土壤。
●生长初期不具有攀附力，树形不整，需用固定物支撑才可。
●良好的垂直绿化材料，还有斑叶品种。
●热带树种，原产非洲。

炮仗花

Pyrostegia venusta

紫葳科 炮仗花属

※ 栽植方式

壁面绿化(攀爬式)

※ 功能及应用

●公园及公共绿地、风景区、庭园、道路、建筑环境（含住区）、工矿区、医院、学校、垂直绿化、屋顶绿化、滨水

※ 观赏时期

月	1	2	3	4	5	6	7	8	9	10	11	12
花	■	■	■	■	■							■
叶	■	■	■	■	■	■	■	■	■	■	■	■
实												

※ 区域生长环境

光照	阴	阳
水分	干	湿
温度	低	高

※ 简介

●常绿，小枝有 6 ～ 8 纵棱。复叶对生，小叶 3 枚，其中一枚常变为线形 3 裂的卷须，小叶卵状椭圆形。花橙红色，管状、成下垂圆锥花序。蒴果细。

●速生树种，很不耐寒，最低温度 13 ～ 15℃，扦插或压条繁殖。

●初夏红橙色的花朵累累成串，状如鞭炮，故有"炮仗花"之称。

●热带树种，原产南美巴西和巴拉圭，世界热带广泛栽培。

蒜香藤（紫铃藤）
Saritaea magnifica
紫葳科 蒜香藤属

※ 栽植方式

壁面绿化(攀爬式)

※ 功能及应用

●公园及公共绿地、风景区、庭园、道路、建筑环境（含住区）、工矿区、医院、学校、垂直绿化、屋顶绿化、滨水

※ 观赏时期

月	1	2	3	4	5	6	7	8	9	10	11	12
花												
叶												
实												

※ 区域生长环境

光照　阴 ▭▭▭▭▭ 阳
水分　干 ▭▭▭▭▭ 湿
温度　低 ▭▭▭▭▭ 高

※ 简介

●以卷须攀援，茎叶揉之有大蒜香味。复叶对生，由2小叶组成，小叶倒卵形，革质有光泽。花漏斗状，成聚伞状圆锥花序。淡紫色，蒴果长条形。

●速生树种，生长季水、肥要充足，扦插繁殖。

●降温增湿作用显著。

●热带树种，原产南美洲哥伦比亚，热带地区广为栽培。

玉叶金花（白纸扇）

Mussaenda pubescens

茜草科　玉叶金花属

※ 栽植方式

壁面绿化(攀爬式)

壁面绿化(探出式)

※ 功能及应用

 清热疏风

● 公园及公共绿地、风景区、庭园、道路、建筑环境（含住区）、工矿区、医院、学校、垂直绿化、屋顶绿化、滨水

● 丛植、片植

※ 观赏时期

月	1	2	3	4	5	6	7	8	9	10	11	12
花												
叶												
实												

※ 区域生长环境

光照　阴 [＝＝＝＝＝＝＝＝] 阳

水分　干 [＝＝＝＝＝＝＝＝] 湿

温度　低 [＝＝＝＝＝＝＝＝] 高

※ 简介

● 小枝有柔毛。叶对生，卵状长椭圆形，表面无毛，背面柔毛。花黄色。浆果球形。

● 耐阴，耐贫瘠，耐修剪，适应性强，喜排水良好、富含腐殖质的壤土或沙质土。

● 速生树种，萌芽力强。

● 诱蝶及寄主植物。

● 顶生聚伞花序，金黄色花冠搭配的亮白色叶状萼片，金花玉叶，由绿叶衬托。

● 热带树种，产中国东南、华南至西南地区。

植物中文名索引

植物拉丁名索引

参考文献

张天麟. 园林树木 1600 种 [M]. 北京：中国建筑工业出版社，2010.

张启翔. 中国名花 [M]. 昆明：云南人民出版社，1999.

日本绿化中心，日本植木协会. 绿化树木指引 [M]. 东京：建设物价调查会，2009.

阎双喜，刘保国，李永华. 景观园林植物图鉴 [M]. 郑州：河南科学技术出版社，2013.

克里斯多弗，布里克尔. DK 园林植物与花卉百科全书 [M]. 杨秋生，李振宇，译. 郑州：河南科学技术出版社，2006.

徐晔春. 园林树木鉴赏 [M]. 北京：化学工业出版社，2012.

自然图鉴编辑部. 常见园林植物识别图鉴 [M]. 北京：人民邮电出版社，2016.

中科院中国植物志编委会. 中国植物志 [M]. 北京：科学出版社，2013.

高若飞，日本千叶大学环境造园学博士，北京林业大学园林专业硕士，深圳大地创想建筑景观规划设计有限公司三叶草工作室负责人，致力于健康景观的研究和实践。

深圳大地创想建筑景观规划设计有限公司简称大地创想（Reasonable Fantasy Group Inc.）是极具发展潜力、创新意识的泛空间先锋设计机构，由最具创意和进取精神的设计师及其支援团队组成。致力于解放国内设计师的原创能力，促进创新创意型设计在市场上发挥其应有价值，为全球泛空间设计的进步贡献自己的一份力量。